COOKING CLASSES
50 FIVE-STAR WESTERN CUISINE RECIPES

五星級西餐廚藝課

— *50* 道結合創意與經典的美味食譜 —

王為平—著 楊志雄—攝影

COOKING CLASSES
50 FIVE-STAR WESTERN CUISINE RECIPES

五星級西餐廚藝課
— 50 道結合創意與經典的美味食譜 —

作　　者 王為平
攝　　影 楊志雄
編　　輯 鄭婷尹
美術設計 吳怡嫻、侯心苹
校　　對 鄭婷尹、陳思穎

發 行 人 程安琪
總 策 畫 程顯灝
總 編 輯 呂增娣
主　　編 李瓊絲
編　　輯 鄭婷尹、陳思穎
　　　　 邱昌昊、黃馨慧
美術主編 吳怡嫻
資深美編 劉錦堂
美　　編 侯心苹
行銷總監 呂增慧
行銷企劃 謝儀方、吳孟蓉

發 行 部 侯莉莉
財 務 部 許麗娟、陳美齡
印 務 許丁財
出 版 者 橘子文化事業有限公司

總 代 理 三友圖書有限公司
地　　址 106 台北市安和路 2 段 213 號 4 樓
電　　話 (02) 2377-4155
傳　　真 (02) 2377-4355
E － mail service@sanyau.com.tw
郵政劃撥 05844889 三友圖書有限公司

總 經 銷 大和書報圖書股份有限公司
地　　址 新北市新莊區五工五路 2 號
電　　話 (02) 8990-2588
傳　　真 (02) 2299-7900

製　　版 興旺彩色印刷製版有限公司
印　　刷 鴻海科技印刷股份有限公司

初　　版 2016 年 5 月
定　　價 新臺幣 500 元
Ｉ Ｓ Ｂ Ｎ 978-986-364-088-2 (平裝)

http://www.ju-zi.com.tw
三友圖書
友直 友諒 友多聞

國家圖書館出版品預行編目 (CIP) 資料

五星級西餐廚藝課：50 道結合創意與經典的美味
食譜 / 王為平著；楊志雄攝影 . – 初版 . – 臺北市：
橘子文化 , 2016.05
　面；　公分
ISBN 978-986-364-088-2(平裝)

1. 食譜 2. 烹飪

427.12　　　　　　　　　　　　　　　105004740

推薦序
Foreword

為平就讀國立高雄餐旅管理專科學校（現為國立高雄餐旅大學）的時候，便正式開啟了他的西餐之路。他在學校接受正統的西餐廚藝訓練後，持續不斷地研究西餐廚藝這塊領域，不僅多才多藝，也是我所教過的學生中，仍專攻西餐至今的得意門生之一。為平除了是一位西餐廚師之外，也參與了許多飯店與餐廳的籌備開幕，更將多年所學的技藝傳承給許多廚師與學子，傾囊相授，從不藏私。

本書融入了為平十多年的烹飪技術與教學心得，依循著書裡的脈絡，以淺顯易懂的方式，將專業廚藝融入生活；書中圖文並茂，有詳細的步驟示範，使讀者能夠輕易地了解書中所述，並輕鬆烹調出西餐料理，也藉此幫助學習西餐的烹飪人士奠定扎實的廚藝基礎。

相信本書定能為有心學習西餐的烹飪人士，學習到正統西式料理技藝的正確方法，在本書即將付梓之際，特予以推薦。

國立高雄餐旅大學西餐廚藝系

陳寬定 教授

「料理」如同「愛」

由於台灣觀光旅遊產業的復甦，提升餐飲管理漸漸地被業界所重視，而學校教育也設立了相關科系，希望培育更優秀的人才，提高國內競爭力，於是在許多建教合作的實習過程中，使我有更多的機會擔任實習課程的指導與講解。在東南科技大學、元培醫事科技大學等校任教的數年，常與學生們聊到，服務性產業中，與消費者每日生活息息相關的，莫過於餐飲生產事業，長期來看，這產業市場有著無窮的開發潛力。尤其近年內，全國南北各大專院校，紛紛開始新增餐飲或旅館管理科系，更使未來餐飲服務之就業與消費趨勢，導向專業專才的環境。

就在這樣的契機下，我從一位餐飲業的實務工作、管理者，轉向到專業餐飲的教學指導，多年來的餐廚心得與教學理念，包括了在料理過程中，用心體會食材與食物的交流，了解並尊重食材，以及向大自然學習。

在本書中，所要傳達的理念很簡單，就是「料理」如同「愛」，她喚起所有的感覺，並發自內心，料理的動作有如愛的表現；而飲食文化的產生，不單只是料理與人們心靈交流、解讀彼此之間的語言，還需要能夠藉由文字，將食物形體本身的美與超乎感官的精神美，發揮到淋漓盡致，更進一步達到科學般精準的境界。這樣的風格是我個人所努力追求的，也希望能有所共鳴與傳承。而如此的料理精神一直是我的工作態度，也是我最重要的教學理念，希望透過教學讓學生深刻體驗料理、愛與心靈的交流過程，因為這才是一個產業生命力的源頭。

本書的順利完成要感謝橘子文化給予的機會，以及一群可愛的學生對我的協助，在此特別感謝！

感謝以下學生的協助：
鄭璟媛、劉曄、高堂軒、高孟暄、蕭舜天、李冠慶、廖奕勝、王振鑑

專業與學術經歷

現任 東南科技大學餐旅管理系／專任講師

元培科技大學餐飲管理系／專任講師

國立高雄餐旅學院第三屆傑出校友

2014 年／好菇道料理大賽評審

2008 ～ 2010、2013、2014 年／王品盃托盤大賽評審

2008 ～ 2012 年／遠東餐廚達人賽評審

2011 年／全國餐旅創意（業）競賽決賽評審

台北亞都麗緻大飯店／ Commis 2

台北西華飯店／歐風廚房副領班

台北富都大飯店／西餐主廚

春秋烏來渡假酒店／餐飲部副主廚

台北晶華酒店／餐飲部副主廚

台北華國飯店／西餐主廚

台北國聯飯店／板石咖啡廳主廚

國內外獎項

2015 年／ International Pan-Asian Culinary Competition Canada ——個人賽 Class 5 Cold Dish 金牌

2015 年／指導學生參加台灣國際餐飲挑戰賽——銀牌

2014 年／指導學生參加金門酒糟牛肉創意料理比賽——第三名

2013 年／指導學生參加第四十三屆全國技能競賽（北區）西餐烹飪——第二、三名

2012 年／指導學生參加澳洲城市盃 The International Secondary Schools Culinary Challenge ——總冠軍

2009 年／指導學生參加美國紐約第二屆新唐人廚技大賽——銅牌

2007 年／第二屆海峽西餐廚藝邀請賽——專業個人組金牌

2007 年／亞洲國際廚皇擂台賽——個人廚皇組西式熱菜金牌

2007 年／亞洲國際廚皇擂台賽——個人專業組熱菜金牌

2006 年／龜甲萬盃料理比賽——社會組優選獎

2004 年／首屆國際健康美食大賽——個人組熱菜金牌

1999 年／西華飯店技能競賽——餐飲部歐風廚房技能比賽第三名

目　錄
Contents

Chapter 5
主菜・海鮮類
Main Courses of Seafood

Chapter 6
主菜・肉類
Main Courses of Meat

Chapter 7
主菜・家禽類
Main Courses of Poultry

附錄・食材處理
Cutting Ingredients

常用食材部位與烹調方式 │ Common Ingredients and Contents

西餐常見牛肉、豬肉、魚類等食材，你知道不同食材適合什麼樣的烹調方式嗎？先認識食材，再佐以不同的料理技法，就能變化出西餐料理中各式各樣的美味。

魚類 │ **魚類部位示意圖**

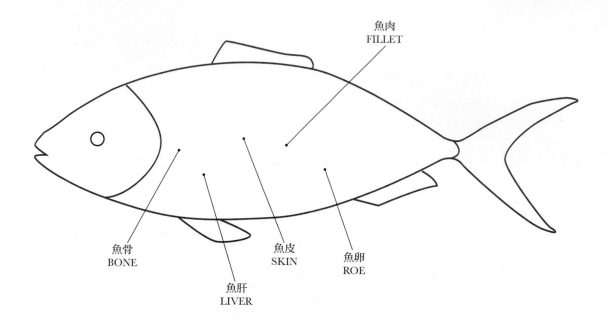

魚肉 FILLET：
西餐料理多取用魚菲力部位，魚肉中含有多種人體必需氨基酸如 DHA 和 EPA，生食、煎烤、蒸煮為常見的食用與烹調方法。

魚皮 SKIN：
鱘龍魚的魚皮是適合涼拌的，其中所含的硫酸軟骨素，是一種抗癌因子。

魚卵 ROE：
除美味之外亦富含大量的蛋白質、鈣、磷、鐵、維生素和核黃素，生食、醃製、清蒸的作法皆有。

魚骨 BONE：
是海鮮醬汁基礎中魚高湯的主要食材，其中又以白肉魚骨較適合做魚高湯。

魚肝 LIVER：
含有豐富的脂溶性維他命 A、D，鱈魚肝、鮟鱇魚肝是許多西式、日式料理常見食材，有著綿密、入口即化的口感。

豬肉 ｜ 豬肉部位示意圖

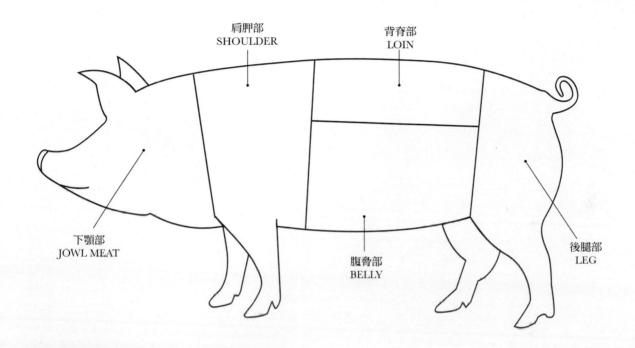

下顎部 JOWL MEAT：
其中一部分即為俗稱的松阪豬。

背脊部 LOIN：
這部位中有最受歡迎美式肋排之一的背小排。

肩胛部 SHOULDER：
其中 NAMP417 部位，為名菜「德國酸菜豬腳」的專屬部位。

腹脅部 BELLY：
其中去骨腩排有中式料理常用部位 NAMP 409A，此部位是整塊的，適合滷、煮的烹調方式；西式料理則多用片狀切割的 NAMP408 部位，適合燒烤。

後腿部 LEG：
其中 NAMP402H 俗稱為和尚頭—PORK LEG 部位，常被用來製作火腿。

牛肉 | 牛肉部位示意圖

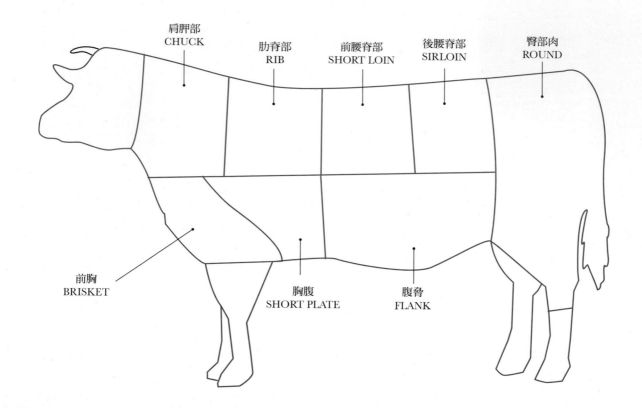

肩胛部
CHUCK

肋脊部
RIB

前腰脊部
SHORT LOIN

後腰脊部
SIRLOIN

臀部肉
ROUND

前胸
BRISKET

胸腹
SHORT PLATE

腹脅
FLANK

肩胛部 CHUCK：
英國燉牛肉是使用此一部位作為主要食材的一道名菜。此部位肉和脂肪分布甚為平衡，烹調後的風味具豐富性的特色。

肋脊部 RIB：
為美式料理當中常見的烤肋排，台塑牛小排等料理，運用此部位帶筋帶骨的特性，經烹飪過後風味獨特，很受歡迎。

前腰脊部 SHORT LOIN：
菲力牛排、紅屋牛排、紐約客牛排、丁骨牛排等皆取自於此部位，並可依個人喜好，調整烹飪熟度。

後腰脊部 SIRLOIN：
此部位除了沙朗牛排之外，也常用於烤肉串、炒肉片、燉煮肉塊等料理方式。

臀部肉 ROUND：
平價牛排、烤肉、燉牛肉常取用此部位，適合燒烤與燉煮。

前胸 BRISKET：
此部位運用廣泛，烹飪方法多元，目前也有些火鍋業者將此部位大力推廣使用。

胸腹 SHORT PLATE：
廣泛運用於烤肉串、肉卷、沙嗲串、韓式料理、法式達料理。

腹脅 FLANK：
適合的烹調方式為燒烤、慢煮、蒸、炒等，較適合切割成薄片。

布列斯雞

產於法國 AOC 法定產區 Bresse 地區的小型農家，且只有白色種的雞。雞肉與脂肪充分均勻分布以及肥美可口是所有美食饕客公認的特色，草地放養且由母雞帶小雞的養殖方式，再加上每平方公尺不得養超過 10 隻雞的規定，更是確保布列斯雞的世界第一品質。

目前市面上販售的布列斯雞，都是養殖 4 個月以上，重量在 1.8 ～ 2 公斤之間，有閹雞及肥母雞 2 種主要選擇。經過嚴格把關的產品，每隻雞的左腳，皆掛有辨別飼養者的腳環，雞身上亦有 AOC 的認證貼紙，頸子下方會有「布列斯雞業公會」紅、白、藍三色紅底金屬牌子。烹煮方法多元，皆能呈現其美味。

特殊食材介紹 | Special Ingredients

此篇章介紹的 8 種特殊食材，有些較稀有罕見，也突顯出它的珍貴性；藉此機會認識不一樣的食材，也能為料理增添更多可能性及與眾不同的美味

鵝　肝
Foie Gras

Label Rouge 是法國鵝肝的最高認證，由於鵝肝本身就是脂肪，煎鵝肝時可用鹽之花、黑胡椒調味，不需要用油。搭配松露、無花果、vallée de la Loire, Alsace 或搭配帶有檸檬玫瑰和荔枝香氣的 Beaumes-de-Venise（甜白酒）食用，風味更佳。近幾年由於餵食與飼養方式受到關注，法國動保團體將 11 月 25 日定為世界反鵝肝日。

伊比利火腿
Jamón Ibérico

原產於西班牙，是以伊比利亞種的黑蹄深毛豬製成，3 公頃的橡樹林僅能飼養 1 隻伊比利豬，因此非常珍貴。伊比利火腿裡帶有獨特的橡實香氣，不需烹調，而是作為前菜搭配西班牙雪莉酒食用；與中國金華火腿及義大利帕瑪火腿齊名。

50 年摩典娜陳醋
Aceto Balsamico Tradizionale di Modena D.O.P

義大利摩典娜產的陳年黑醋是全球美食家公認為最佳的。摩典那傳統巴薩米克醋一律由公會使用 Giorgetto Giugiaro 所設計的 100c.c. 方底圓身瓶子裝瓶，並有歐盟 DOP 的認證。從原料、葡萄的品種、木桶的木材樹種、壓榨過程、熟成年份等，皆有制定規範。

多佛比目魚
Dover Sole

從法國多佛海峽捕撈之進口野生多佛魚，每尾重量約 2 公斤，肉質肥厚多脂細膩，是許多米其林廚師指定使用的野生比目魚，多以低溫烹調後佐以松露入菜。由 Marie Quinton 所創製的世界名菜 Belle meunière，便是以多佛比目魚為主要食材。

圓　鱈
Cod Fish

又稱海中白金，需要 30 ～ 50 年才能長成成魚，其內富含多元不飽和脂肪酸、低膽固醇，同時含有較豐富的 EPA 和 DHA，是具有高營養價值的新鮮食材，數量非常稀少。常見的鱈魚有分「圓鱈」與「扁鱈」，圓鱈的肉質含脂肪量較鱈魚高，口感細膩，肉質滑嫩，很是美味，價格是扁鱈的 3 倍以上。

辣根醬
Extra Hot Horseradish

辣根俗稱西洋山葵或是白色芥茉，和山葵削皮後磨成泥，最大差異是辣根泥是白的，口感近似芥茉，但味道比芥茉溫和。辣根多用於歐美燒烤肉類的佐料，也是著名的雞尾酒醬中的重要材料之一，辣根泥與醋、檸檬汁、奶油可混合成基礎的辣根醬，這也是奧地利復活節、猶太人逾越節等節慶必備食材之一。

山葵
Wasabi

俗稱哇沙米或日本芥末，新鮮現磨的山葵泥與用山葵粉調的最大差別是，新鮮現磨的山葵泥顏色呈暗綠色，並有明顯的顆粒及纖維，冷藏保存時間也短。味道上香氣足，現磨山葵泥嗆辣味只能維持 10 分鐘左右且較溫和。一枝山葵需 3 ～ 5 年的成長期，才能採收食用，每公克價錢比山葵粉調出的山葵泥高出約 50 倍左右。

白鰻魚
White Eel

又稱日本鰻，和鱸鰻是台灣常用捕撈食用的 2 種野生鰻魚之一。白鰻魚肉質鮮美，脂肪含量高，是全世界存在的 19 種食用鰻魚中，品級最高的。白鰻魚富含 EPA、DHA、魚油、植物油等多種維生素、膠質、礦物質和微量元素等營養，向來都被視為海中珍寶。

Chapter 1

醬汁
Sauce

醬汁是為料理畫龍點睛的最佳綠葉，

既保有自我的味道，

也襯托出料理中主要食材的絕妙滋味。

番茄醬汁
Tomato Sauce

材料

洋蔥碎 250 公克
紅蔥頭丁 30 公克
培根絲 80 公克
蒜末 10 公克
月桂葉 1 片
百里香 2 公克
橄欖油 80 毫升
番茄糊 2 大匙
白酒 60 毫升
切碎番茄 500 公克
雞高湯 2 公升
奶油 45 公克

作法

1

洋蔥、紅蔥頭、培根、蒜末、月桂葉和百里香下鍋。

2

加入橄欖油。

3

放進番茄糊。

4

拌炒均勻。

5

倒入白酒。

6

加入切碎的番茄。

7

倒入雞高湯。

8

起鍋前放入奶油拌勻。

 Tips

因培根含有油脂，作法 1 中先以培根的油入鍋拌炒後，再加入橄欖油拌炒，風味層次會更佳。起鍋後，也可放入 5 公克的九層塔絲，增加香氣。

青醬
Pesto

材料

橄欖油 300 毫升
羅勒（九層塔）120 公克
茵陳蒿 1 公克
高粱酒 1 大匙
蝦油 1 大匙
蒜頭 20 公克
綜合堅果 50 公克

 Tips

青醬靜置一段時間後會開始變
色，建議製作完成後盡快食用，
並冷藏保存。

作法

1 在食物調理機內倒入橄欖油，
放入羅勒。

2 放入茵陳蒿。

3 加高粱酒。

4 蝦油和蒜頭混合浸泡，放入
食物調理機。

5 加進綜合堅果。

6 攪打均勻即可（可用木匙輔
助攪拌）。

雞骨肉汁
Chicken Gravy

材料

{雞高湯}
雞骨 2 公斤
洋蔥塊 300 公克
紅蘿蔔塊 150 公克
芹菜段 150 公克
蒜苗 150 公克
百里香 5 公克
巴西里 8 公克
月桂葉 2 片
白胡椒粒 5 公克
黑胡椒粒 5 公克
雞高湯 4 公升

紅蘿蔔塊 100 公克
洋蔥塊 200 公克
蒜苗 100 公克
西芹段 100 公克
月桂葉 1 片
番茄糊 20 公克

 Tips

雞骨不可帶有油、皮，如此才能
確保製作出的醬汁品質。

作法

1　準備所有雞高湯材料。

2　雞骨入預熱至 180℃ 烤箱，
烤至上色（約 40 分鐘）。

3　雞高湯材料入鍋。

4　燉煮 2 小時。

5　同時取另一鍋放入紅蘿蔔、
洋蔥、蒜苗、西芹和月桂葉，
與番茄糊拌炒均勻。

6　雞高湯煮至剩最後半小時，
取 1 公升雞高湯，加入炒好
的料一起熬煮，過濾即可。

牛骨肉汁
Beef Gravy

材料

{牛高湯}
牛骨 2 公斤
洋蔥塊 300 公克
紅蘿蔔塊 150 公克
芹菜段 150 公克
蒜苗 150 公克
百里香 5 公克
巴西里 10 公克
牛高湯 5 公升

紅蘿蔔塊 100 公克
洋蔥塊 200 公克
西芹段 100 公克
蒜苗 100 公克
番茄糊 60 公克

作法

1
準備所有牛高湯材料。

2
牛骨入預熱至 300℃ 的烤箱，烤至上色（約 70 分鐘）。

3
湯鍋內裝冷水，所有牛高湯材料入鍋煮 3 小時。

4
煮高湯的同時，炒鍋內下紅蘿蔔、洋蔥、西芹、蒜苗，與番茄糊一起炒香。

5
拌炒均勻。

6
待牛高湯煮到剩最後 30 分鐘時，取 1 公升牛高湯與炒料混合。

7
煮至濃縮後過濾即可。

 Tips
牛骨髓是醬汁風味的來源之一。

紅酒醬汁
Red Wine Sauce

材料

紅蔥頭丁 50 公克
洋蔥丁 150 公克
百里香 3 公克
月桂葉 2 片
紅酒 1 公升
牛骨肉汁 1 公升

作法

1 將紅蔥頭、洋蔥、百里香、月桂葉與紅酒一起入鍋。

2 煮至濃縮到剩 ⅓（約 30 分鐘），濾掉炒料。

3 倒入牛骨肉汁（牛骨肉汁作法請見本書 p.23）。

4 拌勻，接著以小火煮約 15 分鐘即可。

 Tips

紅酒需選用不甜的品項。上菜之前，可加入無鹽奶油溶於醬汁中，增添香氣及風味。

白酒醬汁
White Wine Sauce

─材料─

紅蔥頭丁 30 公克
洋蔥丁 150 公克
百里香 3 公克
月桂葉 2 片
白酒 1 公升
UHT 鮮奶油 1 公升

─作法─

1

將紅蔥頭、洋蔥、百里香、月桂葉與白酒一起放入鍋中。

2

煮至濃縮到剩 ⅕（約 30 分鐘），濾掉炒料，備用。

3

同時取另一鍋，倒入 UHT 鮮奶油。

4

煮至濃縮到 ⅓（約 30 分鐘）。

5

將濃縮後的鮮奶油倒入作法 2 的濃縮白酒裡。

6

攪拌均勻即可。

龍蝦汁
Lobster Bisque

材料

龍蝦殼 1 公斤
帶殼劍蝦 5 公斤
奶油 500 公克
洋蔥丁 200 公克
紅蘿蔔丁 250 公克
西芹丁 200 公克
蒜苗丁 100 公克
番茄丁 2 公斤
乾蔥丁 100 公克
蒜末 50 公克
紅蔥頭碎 50 公克
月桂葉 6 片
茵陳蒿 12 株
百里香 10 株
番茄糊 150 公克
魚高湯 10 公升
麵粉 50 公克
白蘭地 150 毫升
白酒 150 毫升
蛋黃 1 顆（約 15 公克）
龍蝦腦 15 公克
鮮奶油 15 公克

作法

1 龍蝦殼與劍蝦入預熱至 180℃ 烤箱，烤至上色（約 25 分鐘）。

2 湯鍋內放入奶油、全部的蔬菜、香料和番茄糊。

3 放入烤好的龍蝦殼和劍蝦，炒 30 分鐘。

4 將蝦殼搗爛，煮的時候才能出味。

5 倒入魚高湯。

6 加進麵粉，小火煮約 10 分鐘。

7 放白蘭地煮至酒精完全揮發。

8 放入白酒煮約 10 分鐘，煮滾後關小火，續煮約 40 分鐘。

9 用細濾網過濾，可稍微擠壓蝦殼使其更容易出汁。

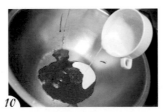

10 蛋黃、鮮奶油與龍蝦腦以 1：1：1 的比例混合。

11 攪拌均勻。

12 接續上個步驟，拌好後倒入湯內煮滾，增加濃稠度。

Chapter 2

前菜
Appetizers

為西餐主菜之前的菜肴，

味道清爽，有刺激食慾、開胃的作用；

又可分成冷前菜及熱前菜。

黑橄欖鱒魚卷
Marinated River Trout
with Black Olive Vinaigrette

材料

{醃鱒魚}
鱒魚 1 尾（約 800 公克）
鹽之花（或海鹽）1 小匙
黑橄欖碎 100 公克
九層塔 10 公克
橄欖油 2 大匙
檸檬汁 30 毫升

菠菜圓葉（小）4 葉
食用花 2 朵
巴沙米克醋 1 小匙
綠捲鬚生菜 5～6 小株
食用花粉 1 小匙

 Tips

為了使鱒魚卷更加入味，建議可密封於冰箱醃製一天後，再取出食用。

作法

1 鱒魚去頭。

2 刀面貼著魚骨剖半，另一半的魚片除去魚刺。

3 切好的魚片修邊，挑去細刺。

4 取一魚片撒上鹽之花（或海鹽），抹勻。

5 接續上個步驟，在魚片上均勻鋪滿 50 公克黑橄欖碎半罐。

6 再鋪滿 5 公克九層塔（九層塔用量視魚片大小決定）。

7

淋上橄欖油。

8

疊上另一半的魚片。

9

同上述步驟，魚片上撒鹽之花抹勻。

10

鋪上剩餘的黑橄欖碎。

11

鋪滿剩餘的九層塔，即為鱒魚卷。

12

在鱒魚卷上淋檸檬汁。

13

保鮮膜上鋪烹調紙，鱒魚卷放在烹調紙上。

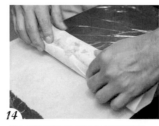

14

將烹調紙連同鱒魚卷捲裹住。

15

包的時候盡量捲實，可捲多層以免烹調紙過於溼軟。

16

捲好後，最外層再以保鮮膜捲起封住。

17

包好的鱒魚卷放置冰箱冷藏，醃製 1 天。

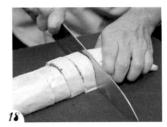

18

鱒魚卷醃製完成後，去除保鮮膜連同烹調紙直接切段（避免切的時候鱒魚卷變形）。

19

切好後再將鱒魚卷上的烹調紙去除。

20

預先於盤中擺放菠菜葉和食用花，將巴沙米克醋盛在湯匙上。

21

巴沙米克醋以湯匙畫盤。

22

鱒魚卷擺盤。

23

放上綠捲鬚生菜。

24

在生菜上撒食用花粉。

綠蘆筍山藥牛肉沙拉
Green asparagus and
Chinese yam with Beef Ribs on lettuce

材料

竹炭鹽 5 公克
薄片無骨牛小排 60 公克
洋蔥絲 20 公克

【泰式醬】（30 人份）
酸豆 5 公克
楓糖漿 1 小匙
柳橙（刨皮用）1 顆
檸檬（刨皮用）1 顆
蒜末 5 公克
紅蔥頭末 5 公克
金桔 1 顆
魚露 100 毫升
香菜 1 公克
蜂蜜 100 毫升
泰式甜雞醬 500 毫升

【蛋白卷】
奶油 50 公克
香草精 ½ 小匙
糖粉 60 公克
低筋麵粉 30 公克
蛋白 50 公克

蘆筍 3 枝
山藥 120 公克
壽司海苔片 1 大片

 Tips

作法 19 中，將 2 片山藥併在一起壓模是為了配合模具大小，實際請以模具大小為主。

作法

1
紙巾上鋪竹炭鹽，以刀背剁碎（因鹽遇水即溶，故鋪在紙巾上處理）。

2
竹炭鹽均勻撒在牛小排上，並在牛小排底層鋪洋蔥絲。

3
入預熱至 200℃的烤箱，烤 6 分鐘（圖為烤好成品）。

4
酸豆剁碎，淋上楓糖漿。

5
柳橙皮、檸檬皮刨絲。

6
蒜末、紅蔥頭末放入鋼盆內，金桔切半去籽，將金桔汁擠入鋼盆，拌勻。

加入魚露、酸豆、香菜、柳橙皮絲、檸檬皮絲。

加蜂蜜,攪拌均勻。

加泰式甜雞醬。

拌勻成泰式醬,備用。

取一鍋下奶油,燒至融化。

加香草精、糖粉,拌勻至糖粉融化。

接續上個步驟,拌好材料放入鋼盆,加蛋白後拌勻。

加低筋麵粉。

拌勻成麵糊。

16
將拌好的麵糊以抹刀抹平在烘焙紙上。

17
用抹刀塑形，入預熱170℃烤箱，烤10分鐘，即為蛋白卷，備用。

18
山藥切片。

19
將2片切好的山藥併排在一起，以三角形模具壓模。

20
海苔片切條，圈住壓模完成的山藥，擺盤。

21
蘆筍汆燙後泡冰水，瀝乾放入鋼盆中，倒入泰式醬沾裹均勻。

22
沾醬蘆筍稍微用廚房紙巾吸去多餘水分，放在山藥上。

23
作法3烤好的牛小排切條，取部分牛肉條以烤好的蛋白卷包覆捲起，與剩餘牛肉條一起擺盤。

24
柳橙皮刨絲撒在盤中，淋上作法10的泰式醬。

燻鴨胸佐陳醋汁
Smoked Duck breast with
Apricot & Balsamic Dressing

材料

黑糖塊 80 公克
柳橙 1 顆
茵陳蒿醬 1 公克
義式香料 1 公克
胡桃木 80 公克
煙燻油 1 小匙
鴨胸 300 克
雞胸肉 200 公克
蛋白 30 公克
蝦泥 15 公克
洋蔥末 30 公克
蒜末 5 公克
蘋果醋 30 毫升
巴沙米克醋 5 毫升
波士頓生菜 3 片
杏桃片 4 片
紅捲葉 3 葉
綠捲鬚生菜 10 公克
食用花 5 公克

作法

1 黑糖塊切碎。

2 柳橙皮刨絲。

3 黑糖碎與柳橙皮混合，剁碎後入鋼盆。

4 鋼盆內再加入茵陳蒿醬和義式香料。

5 拌勻成醃料，備用。

6 胡桃木以煙燻油浸泡，備用。

41

7 鴨胸皮面劃花刀,可以幫助入味。

8 帶皮面朝下入鍋(逼出的鴨油可留用)。

9 翻面煎至上色,放涼備用。

10 放涼的鴨胸沾裹作法5醃料。

11 烤盤上放置泡煙燻油的胡桃木,再放上沾好醃料的鴨胸。

12 入預熱至180℃的烤箱烤10分鐘,約5分熟即可(圖為烤好的成品)。

13 雞胸肉放入食物調理機,與蛋白混合打成泥。

14 雞肉泥、蝦泥、洋蔥末、蒜末放入鋼盆,混合均勻。

15 將拌好的雞肉泥以抹刀平鋪在保鮮膜上。

16

慢慢捲起雞肉泥。

17

兩端綁緊成雞肉卷。

18

雞肉卷放入約70℃的熱水煮熟（約12分鐘）。

19

煮熟的雞肉卷脫模，切段。

20

蘋果醋與巴沙米克醋混合成陳醋汁（比例6：1），備用。

21

烤好的鴨胸切成厚片。

22

波士頓生菜擺盤，上面依序放上作法19雞肉卷、杏桃片、紅捲葉、烤鴨胸。

23

一旁放上綠捲鬚生菜和杏桃片裝飾。

24

在烤鴨胸上淋作法20的陳醋汁，放上食用花裝飾。

鵝肝醬
Foie Gras

材料

鵝肝 600 公克
牛奶 300 毫升
荳蔻粉 1 小匙
義式香草料 1 小匙
白蘭地 15 毫升
鵝油（鵝肝醬用）1 大匙
UHT 鮮奶油 2 大匙
鵝油（模具用）適量
法國麵包 1 小段
消化餅乾 1 片
白葡萄乾 5～6 顆
UHT 鮮奶油 100 毫升
覆盆子果泥 5 毫升
小菠菜 1 葉
杏桃片 3 片
蝦夷蔥 1 段
烤好的蛋白卷 1 個
紅捲葉 1 葉

作法

1 將鵝肝泡入牛奶中（可去腥、變得更嫩滑），把鵝肝的筋挑出。

2 用湯匙將鵝肝局部壓扁，可挑出裡面的筋。

3 鵝肝挑好筋之後，浸泡在牛奶中冷藏一天。

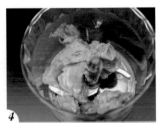

4 將泡過牛奶的鵝肝放入食物調理機。

5 加入荳蔻粉、義式香草料（香料避免加太多搶味）。

6 倒入白蘭地，打成泥。

⭐ *Tips*
因近幾年鵝肝品質進步很多，作法 1 中不一定要將鵝肝浸泡牛奶。另外，鵝肝醬無法久放，建議盡快食用完畢；若密封冷藏，大約可保存 3 天。

7
打到一半加入 1 大匙鵝油和 2 大匙 UHT 鮮奶油。

8
鵝肝續打至細緻軟滑的狀態，備用。

9
在模具上抹適量的鵝油，以便後續方便脫膜。

10
打好的鵝肝入模具。

11
敲打模具底部，使內部空氣跑出。

12
以烹調紙包住開口。

13
取一容器裝熱水，放入鵝肝醬，送入蒸烤箱，以 78℃ 蒸 40 分鐘。

14
蒸好的鵝肝醬放至冷藏保存，使用時可先泡熱水較好脫模。

15
脫模後的鵝肝醬切半，備用。

16

法國麵包切成薄片,備用。

17

消化餅乾切碎。

18

白葡萄乾切碎,與消化餅乾
碎混合。

19

放入小杯中,備用。

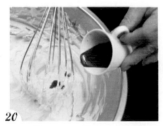

20

100 毫升 UHT 鮮奶油倒入鋼
盆,以打蛋器打發後,加入
覆盆子果泥。

21

攪拌拌勻即覆盆子鮮奶油,
裝入擠花袋。

22

將覆盆子鮮奶油擠在小杯中
的餅乾碎上,擺盤。

23

小菠菜和法國麵包擺盤,放
上杏桃片和綁著蝦夷蔥的蛋
白卷。(蛋白卷作法請見本
書 p.38 作法 11 ~ 17)

24

再放上作法 15 切半的鵝肝
醬,最後放上紅捲葉裝飾。

番紅花鵝肝佐龍蝦汁
Foie Gras with Lobster Bisque

材料

鵝肝醬 30 公克
法國麵包 1 片
亞坤 kaya 醬 1 小匙
蒜苗 15 公克
蘑菇 20 公克
山藥 20 公克
紅、黃、青椒各 15 公克
紅蘿蔔 15 公克
紅蔥頭 15 公克
薑 15 公克
西芹 15 公克
洋蔥 15 公克
橄欖油 1 小匙
番紅花絲 1 公克
海膽 1 大匙
煮熟孢子甘藍 1 顆
杏桃乾 2 顆

〔蜂蜜芥末醬〕
蜂蜜 15 公克
芥末醬 45 公克

綠捲鬚生菜 5 公克
紅捲葉 5 公克
茵陳蒿 5 公克
油醋 1 大匙
食用花 2 朵
龍蝦醬汁 1 大匙

作法

1

鵝肝醬切片。（鵝肝醬作法請見本書 p.45 作法 1 ～ 14）

2

切的時候可先以熱水熱刀，擦乾水分再切下，鵝肝醬切口會較整齊平滑。

3

在法國麵包上均勻塗抹亞坤 kaya 醬。

4

將切片鵝肝醬擺放在法國麵包上。

5

燙過的蒜苗切成適當寬度（約切片鵝肝醬的厚度）。

6

包圍住鵝肝醬的外圍。

7

抹平鵝肝醬，備用。

8

蘑菇切絲。

9

山藥切丁，備用。

10

紅、黃、青椒以及紅蘿蔔、
紅蔥頭、薑、西芹、洋蔥切
成碎末。

11

鍋內放橄欖油，放入上個步
驟中備好的蔬菜。

12

再放入蘑菇絲和山藥丁。

13

拌炒均勻。

14

加入番紅花絲，炒香至熟，
起鍋。

15

在剛炒好的蔬菜上放海膽。

16

趁熱將海膽拌勻，備用。

17

孢子甘藍切半，疊放在杏桃乾上。

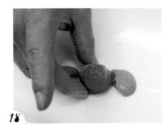

18

蜂蜜和芥末醬混合均勻，淋1小匙在盤上，放上孢子甘藍和杏桃乾。

19

綠捲鬚、紅捲葉、茵陳蒿依序擺盤。

20

作法7的鵝肝醬麵包擺盤。

21

承接上個步驟，在麵包上擺放以湯匙整圓的作法16蔬菜炒料。

22

生菜淋上油醋。

23

放上食用花點綴。

24

在鵝肝醬麵包旁淋上龍蝦汁（龍蝦汁作法請見本書p.29），吃的時候可沾醬一同品嘗。

胡桃木鮭魚
Smoked Salmon

材料

胡桃木 80 公克
胡椒 2 公克
煙燻汁 60 毫升
魚高湯 200 毫升
帶皮鮭魚塊 300 公克
海鹽 5 公克

{蔬菜凍}
吉利丁 1 片
紅、黃、青椒碎 各 10 公克
魚高湯 60 毫升
鹽與胡椒 各 ½ 小匙

{藍莓果醬}
藍莓 50 公克
肉桂 約 10 公克
糖粉 30 公克

蒔蘿 5 公克
圓茄 1 顆
橄欖油 2 大匙
百里香 1 小匙
鹽與胡椒 各 ½ 小匙
蒜末 5 公克
櫛瓜花 1 朵
蛋白碎 1 顆的量
蒔蘿 1 小匙
義式麵包棒 1 根
酸奶油 1 小匙
爆過的薏仁 少許

作法

1 鋼盆內加入胡桃木、胡椒、煙燻汁和放涼的 200 毫升魚高湯。

2 鮭魚塊抹上海鹽。

3 將抹過鹽的鮭魚塊（皮面朝上）泡入上述步驟的高湯中，入冰箱冷藏醃製一天。

4 吉利丁預先泡軟。

5 保鮮盒內鋪保鮮膜，放入紅、黃、青椒碎。

6 鍋內倒入 60 毫升的魚高湯，加鹽和胡椒調味。

7 承上個步驟，放入軟化的吉利丁煮至融化。

8 將煮好的高湯倒入保鮮盒（倒入至約1公分高度），冷藏至結凍成蔬菜凍。

9 鍋內放入藍莓（或紅莓）、肉桂，加入糖粉。

10 熬煮約40分鐘，使糖粉完全融化，果醬變濃稠。

11 挑去肉桂，完成藍莓果醬，備用。

12 作法3醃好的鮭魚塊鋪上蒔蘿，備用。

13 圓茄分切成 1/4 塊大小。

14 圓茄放置烤盤上，淋橄欖油。

15 撒百里香、鹽和胡椒調味。

16
烤箱調至 150℃預熱，入烤箱
烤 20 分鐘。

17
烤好的茄子用湯匙刮下取肉。

18
取下的茄子肉剁碎成泥，與
蒜末混合。

19
摘除櫛瓜花的花蕊。

20
用湯匙輔助，將茄泥填入櫛
瓜花。

21
蛋白碎與蒔蘿混合，義式麵
包棒依序沾裹酸奶油、蛋白
碎和蒔蘿。

22
藍莓果醬盛盤鋪底，放上櫛
瓜花，義式麵包棒放在一旁。

23
盤中放上爆過的薏仁，作法 8
的蔬菜凍切塊擺盤。

24
作法 12 的醃鮭魚切片，擺盤。

生牛肉
Beef Carpaccio

材料

牛里肌 1 段
（或直接準備牛菲力 160 公克）
洋蔥碎 10 公克
蒜末 10 公克
蝦夷蔥碎 5 公克
白松露油 1 大匙
伊比利火腿薄片 10 公克
小番茄 1 顆
菠菜葉 5 葉
食用花 少許
胡椒 1 小匙
杏桃碎 1 大匙
蒔蘿 1 小匙
松露片 3 公克

作法

1 一手持刀，另一手拉著牛里肌的筋前端，切除筋膜。

2 切除多餘油脂處。

3 切取中段肉質最嫩的牛菲力部位。

4 將牛菲力剁成很碎的牛肉碎。

5 牛肉碎上放洋蔥碎、蒜末。

6 拌入蝦夷蔥碎，混合均勻。

7 均勻淋上白松露油，備用。

8 伊比利火腿片切成小段。

9 小番茄分切成 ¼，菠菜葉去梗，與伊比利一起擺盤。

10 放上食用花，在盤中撒胡椒。

11 生牛肉塑形擺盤，上面放杏桃碎及蒔蘿。

12 放上松露片。

酪梨海鮮沙拉
Seafood Salad with Avocado

材料

去殼草蝦 100 公克
橄欖油 2 大匙
蟹腿肉 80 公克
紅、黃、青椒丁 各 1 大匙
巴西里碎 1 小匙
鮮奶油 30 毫升
鹽與胡椒 各 ½ 小匙
荳蔻粉 1 小匙
酪梨 100 公克
芥末油 1 小匙
鮮奶油 2 大匙
白蘭地 1 小匙

〔英式油醋〕
白酒醋 100 毫升
洋蔥 30 公克
芥末醬 1 大匙
橄欖油 100 毫升
巴西里碎 1 小匙
TABASCO 辣椒醬 3 滴
梅林辣醬油 20 毫升

杏桃 100 公克
沙拉米 15 公克
玉米片 50 公克
青醬 1 大匙
紫洋蔥絲 15 公克
山蘿蔔葉 5 公克
紅捲葉 5 公克
百里香 1 株
綠捲鬚生菜 5 公克
食用花 1 株

作法

1 取 3 隻草蝦開背（約開到蝦肉的一半）。

2 取一鍋下橄欖油，草蝦的開背面朝下，放入鍋中。

3 草蝦煎熟定形後取出放涼，備用。

4 同一鍋放入 40 公克蟹腿肉，加入紅、黃、青椒和巴西里碎拌炒，起鍋備用。

5 剩餘的草蝦、蟹腿肉切碎，放入食物調理機打成泥。

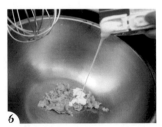

6 打好的蝦泥入鋼盆，加入 30 毫升鮮奶油，攪拌均勻。

7 以鹽、胡椒、荳蔻粉調味，拌匀。

8 鋪一張保鮮膜，放上調味完成的蝦泥。

9 從兩端捲起，製成蝦肉卷。

10 蝦肉卷入熱水鍋以小火（約80℃）煮約8分鐘，關火後再泡5分鐘。

11 酪梨切碎後入鋼盆，加入芥末油、2大匙鮮奶油、白蘭地調味，攪拌均匀。

12 調味好的酪梨放入食物調理機，攪打成帶有些許顆粒的泥狀。

13 酪梨泥盛到湯匙上備用。

14 取一鋼盆，加入白酒醋、洋蔥碎、芥末醬。

15 攪拌的同時，倒入橄欖油。

16

加入巴西里碎、TABASCO 辣椒醬、梅林辣醬油，拌勻成英式油醋備用。

17

杏桃切碎，沙拉米切成絲，備用。

18

作法 4 的炒蟹腿肉盛盤，淋上英式油醋。

19

將盛有酪梨泥的湯匙排盤。

20

盤上擺放玉米片，淋上青醬。（青醬作法請見本書 p.19）

21

接續上個步驟，在玉米片上放作法 3 煎熟的草蝦。

22

沙拉米絲放在酪梨泥上。

23

紫洋蔥絲放在炒蟹腿肉上，再擺上全部生菜，作法 10 蝦肉卷切段擺盤。

24

最後在煎草蝦上鋪杏桃碎，並以食用花裝飾。

香蔥鵝肝佐雪莉醋
Pan-seared Goose Liver with Sherry Vinaigrette

材料

鵝肝 50 公克
胡椒 適量

{雪莉醬汁}
雞骨肉汁 200 毫升
雪莉酒 1½ 大匙
奶油 1 大匙
蝦夷蔥碎 ½ 小匙

奶油 1 小匙
月桂葉 1 片
蘋果 1 塊（約 50 公克）
糖粉 80 公克
黑、白葡萄乾 各 6～8 顆
黑、白胡椒粒 各 8～10 顆
蝦夷蔥碎 1 小匙
百里香 1 枝
蝦夷蔥碎 少許

 Tips

若覺得作法 8 烹調完的鵝肝太
生，可再稍微烤一下。將鵝肝沾
少許麵粉再下鍋煎，可使形體更
完整。

作法

1 鵝肝切片，刀子泡過熱水可切得較平整。

2 鵝肝撒上胡椒調味，備用。

3 鍋內倒入雞骨肉汁（作法請見本書 p.21），倒入雪莉酒，煮至濃稠。

4 加入奶油，煮至奶油稍微融化後下蝦夷蔥碎，拌勻，完成雪莉醬汁，備用。

5 取一鍋放入奶油，待奶油融化後放入月桂葉和蘋果。

6 蘋果煮至稍微變色後，翻面撒上糖粉，使蘋果煎至上色，備用。

7 另一鍋熱鍋（約160℃高溫），鵝肝下鍋，煎至上色後翻面續煎。

8 約 7 分熟即可起鍋（煎鵝肝的油留用），鵝肝以廚房紙巾吸油。

9 取一鍋，倒入煎鵝肝的油。

10 放入黑、白葡萄乾和黑、白胡椒粒，作法 6 焦糖蘋果、1 小匙蝦夷蔥碎一起入鍋炒香。

11 炒香的焦糖蘋果、葡萄乾盛盤，放上煎鵝肝。

12 淋上雪莉醬汁，撒少許蝦夷蔥碎，以百里香點綴。

雞豆甜菜漬海鮮
Seafood Salad,
Chickpeas, Couscous with Ink Sauce

材料

{蛤蠣高湯}
水 2 公升
蛤蠣 1 公斤
洋蔥 200 公克
蒜頭 30 公克
百里香 3 公克
白酒 100 毫升

扇貝 2 個
小章魚 2 隻
蒜末 2 大匙
芥末醬 2 大匙
馬斯卡彭起司 50 公克
巴西里碎 ½ 小匙
俄力岡碎 ½ 小匙
四色什錦豆 80 公克
鷹嘴豆 20 公克

{泰式醬汁}
蒜末、酸豆 各 5 公克
辣椒碎、紅蔥頭碎 各 5 公克
百里香葉 1 枝
番茄醬 1 大匙

泰式燒雞醬 1 大匙
黃番茄丁 2 顆
甜菜丁 5 公克
奶油 15 公克
洋蔥碎、紅蔥頭碎 各 1 小匙
蒜末 1 小匙
雞高湯 100 毫升
北非小米 80 公克
青椒丁 5 公克
白葡萄乾 5 ～ 8 顆
鹽與胡椒 各 ½ 小匙
風乾番茄 2 顆
珍珠洋蔥 1 顆
小菠菜葉 2 葉
燙過的蘆筍 2 枝
鴻喜菇 30 公克
綜合生菜 3 大匙
炒好的培根碎 1 小匙
羅勒 1 小匙
墨魚汁 5 毫升
金箔 少許

⭐ *Tips*
作法 20 中的綜合生菜可隨意搭配，此道料理使用羅蔓生菜、小豆苗、娃娃菜、紫包心菜、芝麻葉、綠捲鬚生菜和食用花。

作法

1
湯鍋內放冷水，加入蛤蠣、洋蔥、蒜頭、百里香、白酒，煮至蛤蠣開口，過濾即成蛤蠣高湯。

2
去掉扇貝的腸泥和髒汙（圖左為未處理的扇貝，圖右為處理過的）。

3
切開小章魚的頭，用蛤蠣高湯燙熟。

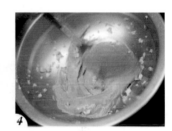

4
將蒜末和芥末醬拌勻。

5
馬斯卡彭起司切碎，與巴西里碎、俄力岡碎混合。

6
在處理過的扇貝上淋拌好的芥末醬。

7
扇貝上再鋪滿作法5混合的
馬斯卡彭起司碎。

8
將扇貝連同燙熟的小章魚一
起入預熱至200℃烤箱烤6分
鐘（圖為烤好成品），備用。

9
四色什錦豆、鷹嘴豆蒸15分
鐘至熟（圖為蒸好的成品），
備用。

10
鋼盆內放蒜末、酸豆、辣椒
碎、紅蔥頭碎、百里香葉，
放入番茄醬和泰式燒雞醬。

11
攪拌均勻成泰式醬汁。

12
將泰式醬汁淋在蒸好的四色
什錦豆與鷹嘴豆上。

13
承接上個步驟，再放進黃番
茄丁、甜菜丁拌勻，備用。

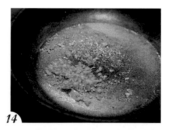

14
取一鍋放入奶油，炒香洋蔥
碎、紅蔥頭碎、蒜末。

15
加入雞高湯（雞高湯作法請
見本書p.89作法1），倒入
北非小米。

16
北非小米煮熟後加入青椒丁、
白葡萄乾。

17
以鹽和胡椒調味，拌炒均勻，
備用。

18
風乾番茄切條，珍珠洋蔥切
片，備用。

19
小菠菜葉、風乾番茄、珍珠
洋蔥、燙過的蘆筍和鴻喜菇
擺盤。

20
將綜合生菜抓成一束，擺盤。

21
放上烤好的小章魚和扇貝。

22
在生菜上撒一些培根碎。

23
放上作法 13 的什錦蔬菜。

24
作法 17 炒好的北非小米入
模，脫模後擺盤，撒上羅勒。
滴上少許墨魚汁，以金箔作
裝飾。

Chapter 3

沙拉
Salad

以各式食材如肉類、魚類、蔬菜水果混合，

搭配畫龍點睛的醬汁，

吃起來既清爽又無負擔。

香蔥孜然牛肉
Beef Cake

材料

墨西哥餅皮 2 ～ 3 張
百里香 1 枝的量
牛菲力 100 公克
蒜末 10 公克
紅蔥頭碎 10 公克
洋蔥碎 10 公克
鼠尾草 1 株
俄力岡 1 株
茵陳蒿 1 株
蒔蘿 2 株
羅勒 10 公克
孜然粉 3 公克
黑、綠橄欖 各 1 ～ 2 顆
番茄丁 5 公克
亞麻仁油 30 毫升
鹽與胡椒 各 ½ 小匙
核桃 5 公克

【玉米澱粉】
雞高湯 90 毫升
玉米碎 30 公克
鹽 1 小匙

辣椒片 3 片
菠菜葉 30 公克
煮熟的珍珠粉圓 3 顆
洋蔥絲 15 公克
酸黃瓜絲 15 公克
紅蔥頭絲 15 公克
核桃 15 公克
巴沙米克醋 1 小匙

作法

1 將方形模具放在墨西哥餅皮上，延著模具邊緣切出數張餅皮。

2 切好的餅皮放上烤盤，撒百里香葉，入預熱 180℃ 烤箱烤至餅皮酥脆（約 8 分鐘）。

3 牛菲力切丁，備用。

4 羅勒切碎，備用。

5 牛菲力丁與蒜末、紅蔥頭碎、洋蔥碎、鼠尾草、俄力岡、茵陳蒿一起入鋼盆。

6 再加入蒔蘿、切好的羅勒碎和孜然粉。

7

黑、綠橄欖切碎，放入上述
步驟的鋼盆裡。

8

鋼盆內放番茄丁，加入亞麻
仁油、鹽、胡椒。

9

攪拌後加入核桃，再次拌勻，
備用。

10

鍋內放雞高湯（雞高湯作法
請見本書 p.89 作法 1），加
入玉米碎。

11

煮滾，將玉米澱粉煮至糊化
（約 3 分鐘），加鹽調味，
備用。

12

墨西哥餅皮烤好後，取一片
入模。

13

填入 1 大匙煮熟的玉米澱粉，
壓實。

14

依序放入一層作法 9 拌好的
牛肉，再鋪一層玉米澱粉。

15

接著蓋上一片烤好的墨西哥
餅皮。

16

取 1 大匙作法 9 的拌牛肉，
與 1 大匙作法 11 的玉米澱粉
混合拌勻。

17

將上述步驟繼續填入模具內
（放在餅皮之上）。

18

壓實定形成牛肉餅。

19

在牛肉餅的最上層放上辣椒
片，備用。

20

菠菜葉排盤。

21

作法 19 的牛肉餅脫模，擺盤
放在菠菜葉上。

22

在牛肉餅最上層擺放煮熟的
珍珠粉圓。

23

洋蔥絲、酸黃瓜絲和紅蔥頭
絲盛盤，一旁擺核桃。

24

巴沙米克醋淋盤。

杏桃水果沙拉
Apricot Salad

材料

牛番茄 1 顆
蒜片 4 片
茵陳蒿葉 2 株
糖粉 1 大匙
橄欖油 1 小匙

{亞麻仁油醋醬汁}
亞麻仁油 15 毫升
雪莉醋 45 毫升
百里香葉 1 株
鹽與胡椒 1 小匙

甜豆 3～5 根
豆芽 15 公克
茴香頭 20 公克
草莓 3 顆
香瓜 半粒
起司粉 1 大匙
核桃 5 公克
波士頓生菜 2 葉
紅圓生菜 2 葉
杏桃 ¼ 顆
柳橙果肉 1 瓣
山蘿蔔葉 1 小株

作法

1 牛番茄去皮，在果肉上劃一刀，插上蒜片、茵陳蒿。

2 在牛番茄上均勻撒滿糖粉。

3 放入烤盤，在牛番茄周圍淋橄欖油，烤箱預熱至 200℃，烤 8 分鐘。

4 取一鋼盆，倒入亞麻仁油。

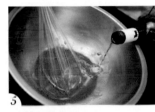

5 與雪莉醋混合拌勻。

6 加入百里香葉、鹽和胡椒，拌勻即成亞麻仁油醋醬汁，備用。

7 甜豆去絲，豆芽去頭，燙熟；茴香頭切段，草莓去蒂頭，香瓜切小段，備用。

8 牛番茄烤好後，將蒜片與茵陳蒿取下，撒起司粉並放上核桃。

9 波士頓生菜擺盤，放上切好的茴香頭、香瓜和紅圓生菜。

10 放上燙熟的甜豆與豆芽，切半的草莓擺盤。

11 切片杏桃擺盤，放上作法 8 的牛番茄，以柳橙、山蘿蔔葉裝飾。

12 亞麻仁油醋醬汁淋在生菜上。

青木瓜鴨胸沙拉
Smoked Duck Breast Salad
with Plum Dressing

材料

青木瓜 10 公克
紫洋蔥 10 公克
煙燻鴨胸 6 ～ 8 片的量

{橙桔醬汁}
柳橙汁 100 毫升
金桔汁 60 毫升

綜合堅果 1 大匙
水田芥 3 小株
南瓜泥 30 公克
紅捲葉 1 葉
蒔蘿 2 株
無花果碎 5 公克
魚子醬 1 小匙
食用花 少許

作法

1 煙燻鴨胸切片（煙燻鴨胸的作法請見本書 p.41 作法 1 ～ 12）。

2 柳橙汁與金桔汁倒入鋼盆。

3 拌勻成橙桔醬汁，備用。

4 綜合堅果與水田芥排盤。

5 青木瓜、紫洋蔥切絲。

6 承接上個步驟，以 1：1 的比例混合，備用。

7 放上混合好的青木瓜絲與紫洋蔥絲。

8 南瓜泥瀝乾水分。

9 將南瓜泥擺盤，再鋪上紅捲葉、蒔蘿。

10 無花果碎捏成小山狀擺盤，切片鴨胸疊放在紅捲葉上。

11 在青木瓜絲和紫洋蔥絲上淋 1 大匙橙桔醬汁，一旁的鴨胸也淋上些許醬汁。

12 放上魚子醬，並以食用花作為裝飾。

蕈菇櫛瓜沙拉
Zucchini Salad

材料

舞菇 20 公克
鴻喜菇 20 公克
柳松菇 20 公克
黃、紅椒 10 公克
紫洋蔥 10 公克
綠、黃櫛瓜 各 4 片的量
圓茄 3 片的量
俄力岡葉 1 小匙
橄欖油 15 毫升
鹽與胡椒 各 ½ 小匙
波士頓生菜 2 葉
帕瑪火腿片 2 片
熟的栗子 1 顆
百里香 1 株
紅甜菜片 2 片

{基本油醋}
檸檬汁 10 毫升
蒜頭碎 10 公克
橄欖油 60 毫升
巴沙米克醋 20 毫升

 Tips
此道料理的蔬菜烤之前，皆需淋
上橄欖油、撒鹽和胡椒調味。
基本油醋作法：將基本油醋的材
料全部拌勻即可。

作法

1
菇類淋橄欖油，以鹽和胡椒
調味後入預熱 200℃烤箱烤
10 分鐘（圖為烤好成品）。

2
黃、紅椒和紫洋蔥切片，淋
油調味後入預熱 200℃烤箱烤
7 分鐘（圖為烤好成品）。

3
綠、黃櫛瓜和茄子切片，上
面淋橄欖油，撒鹽和胡椒調
味，放上俄力岡葉。

4
櫛瓜和茄子入預熱至 200℃的
烤箱烤 10 分鐘（圖為烤好的
成品）。

5
波士頓生菜上放烤好的茄子，
再疊上帕瑪火腿片。

6
接續上個步驟，疊好之後捲
起，擺盤。

7
將烤好的綠、黃櫛瓜片交疊。

8
烤好的綜合菇去蒂頭，與綠、
黃櫛瓜片一起擺盤。

9
放上烤過的黃、紅椒以及紫
洋蔥。

10
栗子切半，擺盤，一旁搭配
百里香和紅椒增色。

11
將紅甜菜片放在作法 6 捲起
的帕瑪火腿生菜上。

12
接續上個步驟，淋上基本油
醋（基本油醋作法請見本頁
Tips）。

鮭魚沙拉
Salmon Salad with Green Apple

材料

馬鈴薯泥 30 公克
鹽 1 大匙
鮭魚碎 30 公克
青蘋果 ¼ 顆
綠、黃櫛瓜片 各 2 片
茄子 2 片
煙燻鮭魚片 2 片
番茄醬汁 3 大匙
藍莓果醬 2 大匙
南瓜泥 1 大匙
紫洋蔥條 2 條
蝦夷蔥 1 根
小豆苗葉 少許
酸豆 少許

作法

1 馬鈴薯泥加鹽調味，入模，壓實。

2 鮭魚碎入模鋪在馬鈴薯泥上，壓實。

3 入蒸烤箱，蒸 10 分鐘（圖為蒸好的成品）。

4 蘋果切成半圓柱。

5 綠、黃櫛瓜和茄子切片，用鹽水燙熟，取靠近皮邊緣的肉（顏色較好看）。

6 將燙過的蔬菜片交疊，修邊。

7 煙燻鮭魚片與蔬菜片交疊，修邊（修到與蔬菜片長度差不多）。

8 接續上個步驟，將蔬菜鮭魚片蓋在蘋果塊上，備用。

9 番茄醬汁淋盤（番茄醬汁作法請見本書 p.17）。

10 依序放上藍莓果醬和南瓜泥（藍莓果醬作法請見本書 p.54 作法 9～11）。

11 用煎鏟鏟起作法8的蘋果塊，放在南瓜泥上，並在蔬菜鮭魚片上放紫洋蔥。

12 作法 3 的鮭魚馬鈴薯切半呈三角狀，擺盤，放上蝦夷蔥；撒小豆苗葉、酸豆。

義式番茄起司襯沙拉米
Salami with Beet Roots Jelly

材料

{甜菜凍}
甜菜汁 60 毫升
水 240 毫升
吉利丁 1.5 公克

莫札瑞拉起司 6～8 顆
沙拉米 150 公克
綠捲鬚生菜 30 公克
紅捲葉 20 公克
蘿蔓生菜 30 公克
去皮牛蕃茄 20 公克
牛膝草 1 株
青醬 1 大匙

作法

1 將甜菜凍的全部材料一起入鍋，煮至吉利丁融化，倒入盤中冷藏約 15 分鐘至結凍。

2 將完成的甜菜凍取出，取適當大小的模具放在要壓模的位置。

3 壓模，可稍微旋轉模具確認底部的甜菜凍已分離。

4 用湯匙輔助，取出壓模後中間剩餘的甜菜凍。

5 沿著甜菜凍挖空的圓周圍放上莫札瑞拉起司。

6 沙拉米切片，重疊排放。

7 捲起，摺成花束。

8 沙拉米花卷與綠捲鬚、紅捲葉、蘿蔓生菜一起抓成一束。

9 將上述步驟擺在莫札瑞拉起司中間。

10 去皮牛番茄切丁，放在沙拉米花卷中。

11 放上牛膝草。

12 生菜淋上青醬（青醬作法請見本書 p.19）。

松露菠菜沙拉
Garden Salad with Truffle Vinaigrette

材料

乾燥無花果 1 顆
杏桃 1 顆
白蘭地 30 毫升
松露 1 顆

羅勒 3 葉
小菠菜 15 公克
山蘿蔔葉 5 公克
起司 10 公克
鮮奶油 10 公克
金桔 1 小瓣
煮熟山粉圓 1 大匙

{松露醬汁}
松露蘑菇醬 1 大匙
橄欖油 45 毫升

作法

1　乾燥無花果切成條，備用。

2　杏桃預先浸泡白蘭地。

3　作法 2 的杏桃取出切成條，備用。

4　松露切片，備用。

5　取一鋼盆，放入松露蘑菇醬。

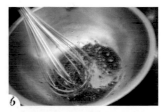

6　加橄欖油（松露蘑菇醬與橄欖油的比例為 1：3），拌勻成松露醬汁，備用。

7　羅勒用手稍微撕碎（不用太小），小菠菜去梗。

8　承上個步驟，與山蘿蔔葉、撕碎的羅勒一起排盤。

9　起司和鮮奶油混合，以湯匙挖取盛盤。

10　無花果、杏桃與金桔擺在混合的起司鮮奶油上，品嘗時可以沾著吃。

11　在生菜旁放上松露片。

12　生菜周圍淋預先煮好的山粉圓，及 2 大匙作法 6 的松露醬汁。

 Tips

將松露醬汁直接淋在生菜上會使生菜容易塌掉不美觀；淋在生菜周圍享用時再沾取即可。

Chapter 4

湯 品
Soup

西餐的湯品口味多元，

大致可分成清湯、奶油湯、蔬菜湯和冷湯 4 類，

每一種都有各自的獨到風味。

普羅旺斯海鮮湯
Seafood Provençal

材料

{雞高湯}
雞骨 1 公斤
洋蔥塊 300 公克
紅蘿蔔塊 150 公克
芹菜段、蒜苗 各 150 公克
百里香 1 株
巴西里 5 公克
月桂葉 2 片
黑、白胡椒粒 各 1 大匙
水 2 公升

{青豆湯底}
青豆 30 公克
雞高湯 60 毫升
培根碎 30 公克
蒜末 5 公克
紅蔥頭碎 5 公克
奶油 15 公克

{大蒜奶油}
蒜末 50 公克
紅蔥頭碎 50 公克
巴西里碎 5 公克
百里香 5 公克
軟化奶油 80 公克

螃蟹 1 隻
八角酒 30 毫升
田螺 8 ～ 10 個
白蘭地 30 毫升
百里香 1 株
洋蔥片 20 公克
茴香 15 公克
奶油 15 公克
松露油 1 大匙
洋蔥絲 20 公克
月桂葉 1 片
干貝 30 公克
魚肉片 60 公克
蝦 40 公克
八角酒 30 毫升
九層塔絲 1 大匙
蟹腿肉 150 克
雞骨肉汁 100 毫升
堅果 1 大匙
水田芥 1 株

 Tips
八角與白酒混合浸泡一天後,即
成八角酒。

作法

1
湯鍋內裝入冷水,雞高湯的
所有材料入鍋,熬煮 1.5 ～ 2
小時,撈掉泡沫和雜質,過
濾即成雞高湯。

2
青豆與雞高湯一起打成泥,
過濾成青豆汁,備用。

3
鍋內加奶油燒至融化,下培
根碎、蒜末、紅蔥頭碎。

4
拌炒至香氣出來。

5
加入打好的青豆汁。

6
煮滾,完成青豆湯底,備用。

7

蒜末、紅蔥頭碎、巴西里碎、百里香、軟化奶油混合，拌勻成大蒜奶油。

8

將拌好的大蒜奶油鋪在保鮮膜上，捲起，兩端綁緊。

9

接續上個步驟，大蒜奶油定形後切片，備用。

10

將螃蟹頭部的殼拔除。

11

從螃蟹腹部對半剖切。

12

分成 2 半。

13

螃蟹置於烤盤上，淋上適量的八角酒。

14

蒸約 12 分鐘（圖為蒸好的成品），備用。

15

用刀尖將田螺開口的片狀物（順著螺旋的方向）勾起。

16
田螺放進小碗內，加白蘭地、百里香醃泡 15 分鐘。

17
將醃製田螺、作法 9 的大蒜奶油片，連同洋蔥片、茴香放在烤盤上，入預熱至 180℃ 烤箱烤 10 分鐘。

18
另一鍋中下奶油和松露油，放入洋蔥絲、月桂葉、海鮮（干貝、魚、蝦），煮至海鮮半熟。

19
加入八角酒，煮至海鮮全熟。

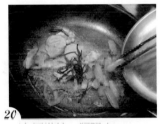

20
下九層塔絲、蟹腿肉。

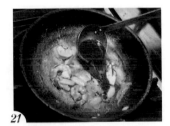

21
加雞骨肉汁（雞骨肉汁作法請見本書 p.21），煮至濃稠收汁。

22
盤中擺放蒸好的螃蟹、作法 17 的烤茴香，將上述步驟中的炒料盛盤。

23
放上烤田螺。

24
倒入作法 6 的青豆湯底。放上堅果和水田芥。

田雞乳酪濃湯
Cream of Soup with Frog Leg Mousse

材料

田雞腿 4 隻
松露醬 1 大匙
蘭姆酒 2 大匙
鹽與胡椒 各 ½ 小匙
芥末籽醬 10 公克
麵粉 30 公克
奶油 15 公克

〔玉米湯〕
奶油 50 公克
蒜末 10 公克
紅蔥頭碎 10 公克
洋蔥碎 30 公克
馬鈴薯碎 30 公克
月桂葉 1 片
麵粉 50 公克
雞高湯 1 公升
玉米粒 50 公克
奶油起司 50 公克

〔松露馬鈴薯球〕
蛋液 30 公克
麵粉 30 公克
馬鈴薯泥 1 大匙
松露碎 1 大匙
雞高湯 2 大匙

玉米粒 1 大匙
龍蝦汁 120 毫升

作法

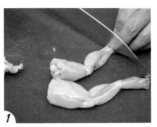

1 田雞從關節處切開取腿，切除末端的腳蹼。

2 取 2 隻處理好的田雞腿，順著骨頭將肉切下，使骨肉分離，用刀刮除骨頭上殘留的肉，去骨取肉。

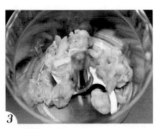

3 將田雞肉稍微剁碎，放入食物調理機。

4 攪打成泥。

5 取一鋼盆，放入田雞泥和松露醬，攪拌均勻成田雞慕斯。

6 將田雞慕斯搓成 2 條長條狀。

7

重疊擺在盤上呈 S 形（將盤內分隔出 2 個區塊），蒸 15 分鐘。

8

在作法 1 處理好的 2 隻田雞腿上，淋蘭姆酒醃製（醃汁留用）。

9

田雞腿撒鹽和胡椒調味，放上芥末籽醬。

10

將田雞腿兩面均勻裹上麵粉。

11

熱鍋，加入奶油，並放入田雞腿。

12

倒入作法 8 的醃汁。

13

田雞腿煎至上色後，入預熱至 180℃ 烤箱，烤約 10 分鐘至熟。

14

取一湯鍋，加入奶油、蒜末、紅蔥頭碎、洋蔥碎、馬鈴薯碎、月桂葉炒香。

15

待奶油融化後，加入麵粉，拌勻。

16

湯鍋內加入雞高湯（雞高湯
作法請見本書 p.89 作法 1），
用打蛋器攪拌，繼續煮滾。

17

再加入玉米粒和切碎的奶油
起司，煮滾至玉米湯濃稠，
備用。

18

將蛋液和麵粉以 1：1 的比例
拌勻。

19

拌入馬鈴薯碎和松露碎，攪
拌均勻。

20

用湯匙挖取拌好的馬鈴薯麵
糊，放入雞高湯。

21

煮熟即可（呈球狀）。

22

煮好的松露馬鈴薯球均勻沾
裹黑橄欖碎，備用。

23

取出作法 7 蒸好的田雞慕斯，
松露馬鈴薯球擺盤，並放上
玉米粒；烤好的田雞腿擺盤。

24

倒入 120 毫升作法 17 的玉米
湯，S 形田雞慕斯的另一側倒
入預熱的龍蝦汁（龍蝦汁作
法請見本書 p.29）。

牛肝菌海鮮濃湯
Seafood Cepé Soup

材料

茴香 50 公克
馬鈴薯 30 公克
蒜苗（綠）1 段
洋蔥 30 公克
番茄 200 公克
草蝦 2 隻
烏賊 50 公克
花枝 20 公克
魚排 50 公克
淡菜 4 個
番紅花絲 1 公克
牛肝菌菇油 1 大匙
鹽與胡椒 適量
奶油 15 公克
蒜末 10 公克
紅蔥頭碎 10 公克
君度橙酒 30 毫升
龍蝦汁 300 毫升
茴香葉 1 株
檸檬皮（或柳橙皮）少許

 Tips

食用時，搭配法國麵包片，在加一些檸檬汁、撒檸檬皮碎，風味更佳。

作法

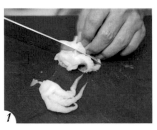
1　蝦去腸泥，烏賊去骨切段。

2　花枝切花刀、切片。

3　魚排修邊、切片。

4　在備好的海鮮材料上放番紅花絲。

5　再淋上牛肝菌菇油。

6　接續上個步驟，海鮮上撒鹽和胡椒調味，醃製約15分鐘，備用。

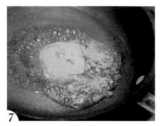

7
鍋中加奶油熱鍋，加蒜末、紅蔥頭碎炒香。

8
醃製好的海鮮下鍋。

9
先取出煎到半熟的淡菜、白色海鮮（包含花枝和烏賊，比較快熟）。

10
其他海鮮續煎至半熟。

11
將全部的海鮮起鍋（煎油留用），備用。

12
茴香切片，馬鈴薯切片。

13
蒜苗、洋蔥切絲。

14
番茄切丁。

15
把作法 11 的煎油過濾到另一只鍋中，加入君度橙酒。

16

鍋中放入馬鈴薯片與茴香片，炒香。

17

再下番茄丁、蒜苗絲以及洋蔥絲。

18

拌炒均勻。

19

加入龍蝦汁（龍蝦汁作法請見本書 p.29）。

20

將龍蝦汁煮至滾。

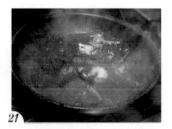

21

放入煎過的海鮮，將海鮮煮至全熟。

22

海鮮盛盤。

23

倒入熬煮海鮮的龍蝦汁。

24

放上茴香葉，撒檸檬皮碎。

清燉牛尾湯
Ox-tail Soup

材料

{牛高湯}
牛骨 2 公斤
洋蔥塊 300 公克
紅蘿蔔塊 150 公克
芹菜段和蒜苗 各 150 公克
番茄糊 2 大匙
百里香 5 公克
巴西里 10 公克
月桂葉 2 片
水 5 公升

薑片 250 公克
香菇 400 公克
八角 2 大匙
白酒 450 毫升
月桂葉 2 片
牛尾 5 公斤
百里香 適量
LAKSA 香料塊 1 塊
白酒 100 毫升
牛絞肉 200 公克
蛋白 1 顆
九層塔 少許
奶油 1 塊
黃、綠櫛瓜 適量
松露片 少許
蝦夷蔥碎 1 小匙
食用花 1 株

作法

1 湯鍋內裝冷水，先放入牛骨燉煮 2 小時，再放入牛高湯的其餘材料煮 30 分鐘。

2 煮好之後過濾，即完成牛高湯，備用。

3 薑切片，香菇切片，以 450 毫升白酒浸泡月桂葉，備用。

4 取一鋼盆，放入 LAKSA 香料塊，倒入 100 毫升的白酒。

5 攪拌均勻。

6 接續上個步驟，與牛絞肉混合均勻。

7

再加入蛋白攪打均勻。

8

放入切碎的九層塔，拌勻，備用。

9

鍋內加奶油，燒至奶油融化，放入上個步驟中已拌好的牛肉碎。

10

整圓鋪平成薄片，並以小火煎熟。

11

煎好的牛肉餅起鍋，備用。

12

在牛尾上撒百里香。

13

接續上個步驟，將牛尾放入作法2的牛高湯裡。

14

倒入作法3預先備好的白酒（連同月桂葉一起），再加入薑片、香菇片和八角。

15

熬煮約3小時。

16
燉煮至牛尾的骨肉分離（圖為煮好的成品），備用。

17
黃、綠櫛瓜分別切成薄片。

18
在煎好的牛肉餅上，以圓形模具壓模。

19
接續上個步驟，牛肉餅之後的壓模順序由上而下為：綠櫛瓜片、牛肉餅、黃櫛瓜片、綠櫛瓜片。

20
模具內最上層放入黃櫛瓜片和松露片。

21
脫模，備用。

22
將上個步驟中壓模完成的牛肉餅盛盤，放上作法 16 的燉牛尾。

23
盛入熬煮的牛尾湯。

24
撒上蝦夷蔥碎，並以食用花點綴。

蘑菇湯
Mushroom Soup

材料

{奶油湯}
奶油 30 公克
馬鈴薯丁 60 公克
洋蔥末 30 公克
白酒 30 毫升
雞高湯 500 毫升
鮮奶油 50 毫升

蘑菇片 300 克
荳蔻粉 ½ 小匙
鹽 1 小匙
胡椒 ½ 小匙
煮熟的栗子 30 公克
紅蔥頭碎 5 公克
洋蔥碎 15 公克
蒜末 15 公克
奶油 15 公克
雞高湯 300 毫升
鮮奶油 50 毫升
綠捲鬚生菜 2 葉
水田芥 1 小株
荳蔻粉 ½ 小匙

作法

1 湯鍋內加入奶油、馬鈴薯丁、洋蔥末，拌炒。

2 倒入白酒和雞高湯 500 毫升（雞高湯作法請見本書 p.89 作法 1），煮 20 分鐘。

3 加鮮奶油煮滾，以均質機打勻（或放涼用果汁機攪打），完成奶油湯，備用。

4 蘑菇片撒荳蔻粉、鹽和胡椒調味，栗子切半，紅蔥頭碎、洋蔥碎、蒜末備料。

5 鍋中加入奶油，放入上述步驟中的全部材料。

6 炒香至熟。

7 加入雞高湯 300 毫升，煮約 20 分鐘。

8 接續上個步驟，將炒料連同湯汁放入食物調理機打碎，完成蘑菇湯，備用。

9 杯中緩慢倒入作法 3 的奶油湯鋪底。

10 慢慢倒入作法 8 蘑菇湯，使湯汁沿著湯匙流下（為了避免上下層湯汁混合）。

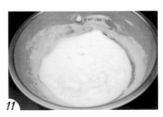

11 用電動打蛋器將鮮奶油打發成奶泡。

12 在湯杯的最上層鋪上奶泡，插上綠捲鬚、水田芥，撒少許荳蔻粉提味。

白鰻雞肉清湯
Chicken Consommé with Eel

材料

〔雞肉清湯〕
洋蔥 30 公克
雞胸肉 150 公克
蛋白 2 顆
紅蘿蔔碎 20 公克
西芹碎 20 公克
巴西里碎 2 公克
杜松子 1 大匙
月桂葉 1 片
水（或雞高湯）1 公升
冰塊 1 杯

白松露油 1 小匙
白鰻魚 20 公克
綠、黃櫛瓜 各 4 片的量
鹽與胡椒 各 ½ 小匙

作法

1 洋蔥切片，以預熱 200℃的烤箱烤至上色，成焦化洋蔥（圖為烤好成品），備用。

2 將雞肉清湯的全部材料（除了洋蔥和月桂葉以外）放入鋼盆。

3 以打蛋器攪拌均勻。

4 加入水（或雞高湯），可放冰塊降溫（避免升溫太快）。

5 將拌好的材料倒入湯鍋內，加入作法 1 的焦化洋蔥。

6 煮至 45℃後轉為小火，等待蛋白變性後吸附雜質。

7 冒泡泡表示蛋白變性完成，這時將溫度控制在 85℃（可以溫度計測量）。

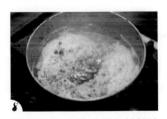
8 續煮約 35 分鐘（避免材料沾鍋），湯裡的材料會逐漸凝聚成團漂浮在湯上。

9 煮好的湯以紗布過濾，即完成雞肉清湯；在雞肉清湯裡加白松露油，備用。

10 黃、綠櫛瓜刨成薄片，撒鹽、胡椒調味，蒸 6 分鐘。

11 白鰻魚切丁，備用。

12 蒸好的櫛瓜片修邊鋪盤，放上鰻魚丁，倒入作法 9 的雞肉清湯。

 Tips

作法 6 中的蛋白變性是指經加熱後，蛋白由液體轉為固體的過程變化。

Chapter 5

主菜・海鮮類

Main Courses
of Seafood

運用魚、蝦、貝類等新鮮食材，

精緻的烹調手法，

變化出一道道充滿富饒海味的精采料理。

三味低溫鮭魚襯芥子醬
Salmon Trio

材料

{芥子醬汁}
芥末籽醬 10 公克
醬油 100 毫升
味醂 80 毫升
香油 15 毫升

奶油 15 公克
紅、黃、青椒丁 各 20 公克
蒔蘿碎 5 公克
酸豆 15 公克
杏鮑菇丁 15 公克
紫洋蔥碎 5 公克
百里香 1 枝
奶油 15 公克
蘑菇片 15 公克
百里香 1 枝
甜豆 4 根
鮭魚碎（帶些許顆粒）50 公克
鹽與胡椒 適量
白酒 10 毫升
壽司海苔 1 大張
醋飯 適量
蝦夷蔥碎 5 公克
美乃滋 50 公克
明太子 20 公克
蝦夷蔥碎 少許
鮭魚卵 30 公克
義式橙醋 1 小匙
蝦夷蔥碎 少許
羅勒 1 株
燻鮭魚薄片 1 片
燙熟的青花菜 2 朵

作法

1 鋼盆內加入芥末籽醬、醬油、味醂、香油。

2 攪拌均勻成芥子醬汁，備用。

3 鍋中加奶油燒至融化，放入紅、黃、青椒丁，以及蒔蘿碎、酸豆、杏鮑菇丁、紫洋蔥碎、百里香。

4 拌炒至蔬菜變軟。

5 加入芥子醬汁，拌勻，挑出百里香，起鍋備用。

6 取另一鍋，加入奶油，下蘑菇片。

7

加入百里香、甜豆、鮭魚碎
（帶些許顆粒），拌炒，並
以鹽和胡椒調味。

8

加入白酒，炒至酒精揮發，
起鍋備用。

9

海苔切成粗條。

10

模具內填入醋飯，壓實。

11

將作法 8 的炒鮭魚和蘑菇片
一起剁碎，拌入蝦夷蔥碎。

12

接續上個步驟，與美乃滋混
合拌勻。

13

將拌好的鮭魚碎填入模具內
（在醋飯之上）。

14

鮭魚飯脫模。

15

鮭魚飯用海苔圈住，擺盤。

16

以同樣方法再做一個鮭魚飯
壽司。

17

明太子切成壽司大小，放在
鮭魚飯壽司上，再抹上蝦夷
蔥碎，擺盤，一旁放上作法5
的炒蔬菜。

18

鮭魚卵、義式橙醋、蝦夷蔥
碎混合拌勻。

19

在鮭魚飯壽司上插羅勒，鋪
放上個步驟中拌好的鮭魚卵。

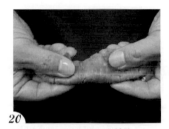

20

將燻鮭魚薄片往內對摺。

21

鮭魚片順著大拇指捲起，呈
圈狀。

22

將大拇指抽出，固定捲好的
形狀。

23

將鮭魚卷的最外層像開花一
樣翻開，完成燻鮭魚花卷。

24

炒蔬菜上放炒甜豆和燙熟的
青花菜，放上燻鮭魚花卷。

明蝦海鱸佐龍蝦汁
Gratined King Prawn & Seabass
With Lobster Sauce

材料

鮮奶油 50 毫升
鬱金香粉 2 公克
奶油 15 公克
杏鮑菇丁 5 公克
番茄丁 5 公克
鮭魚碎 10 公克
白飯 200 公克
蛤蠣高湯 80 毫升
蛤蠣肉 6 ～ 8 個
起司粉 1 小匙
鹽與胡椒 各 1 小匙
燙過的蒜苗 1 段
明蝦 3 尾
中卷 1 隻
燙過的蒜苗 4 段
鰻魚 10 公克
黑、綠橄欖 各 15 公克
烤培根絲 15 公克
烤松子 1 大匙
紅椒粉 適量
起司粉 10 公克
捷克起司 30 公克
蝦夷蔥碎 3 公克
牛番茄 5 公克
燙過的蘆筍 15 公克

{龍蝦醬汁}
奶油 15 公克
洋蔥碎 20 公克
紫洋蔥碎 15 公克
蒜末 20 公克
紅蔥頭碎 15 公克
紅蘿蔔碎 20 公克
新鮮鼠尾草葉 2 葉
龍蝦汁 80 毫升
白酒 10 毫升

{松露莎莎醬}
松露醬 1 大匙
橄欖油 1 大匙
紅、黃、青椒丁 少許

 Tips

松露莎莎醬的作法：松露醬與橄欖油以 1：1 的比例混合，再拌入紅、黃、青椒丁。

作法

1 鮮奶油和鬱金香粉混合拌勻。

2 熱鍋下奶油，放入杏鮑菇丁、番茄丁、鮭魚碎、白飯。

3 拌炒均勻。

4 倒入作法 1 的鮮奶油拌炒。

5 加一些蛤蠣高湯和蛤蠣肉增添風味（蛤蠣高湯的作法請見本書 p.65 作法 1）。

6 放入 1 小匙起司粉，以鹽和胡椒調味，炒勻起鍋，放涼備用。

7

明蝦去殼、開背、去腸泥，把筋切斷（可讓蝦子變熟後直挺不彎曲）。

8

烤盤上放 1 隻完整開背的明蝦；另外 2 隻明蝦去掉頭尾、取中段肉，放在一旁，備用。

9

將中卷的身體和腳分離後，去骨。

10

中卷去皮。

11

把作法 6 的炒飯塞入中卷的身體。

12

用廚房紙巾吸去中卷表面多餘的水分。

13

燙過的蒜苗平鋪，把塞入炒飯的中卷放在蒜苗上，捲起，放至烤盤上，備用。

14

鰻魚和黑、綠橄欖混合切碎，與烤培根絲和烤松子混合，撒上紅椒粉。

15

取一鋼盆，放入 10 公克的起司粉和上述步驟中的材料，拌勻。

16

將上述步驟的材料與切碎的捷克起司、蝦夷蔥碎混合。

17

用手將材料拌勻成團（較容易入味）。

18

將拌好的起司團切條或切塊（配合食材大小），放在明蝦上。

19

全部海鮮入預熱至200℃的烤箱，烤7分鐘（圖為烤好的成品）。

20

取一鍋加奶油，放入洋蔥碎、紫洋蔥碎、蒜末、紅蔥頭碎、紅蘿蔔碎，炒香。

21

放入撕碎的新鮮鼠尾草葉，倒入龍蝦汁（龍蝦汁的作法請見本書 p.29）。

22

加入白酒，拌勻完成龍蝦醬汁，備用。

23

龍蝦醬汁淋盤，放上牛番茄片、燙過的蘆筍，烤好的中卷飯卷切去頭、尾，取中段擺盤。

24

放上烤好的明蝦，以烤蝦頭做裝飾，松露莎莎醬淋盤（松露莎莎醬作法請見本書 p.115Tips）。

杏桃鮮魚
Fish Roll with Baked Apricot

材料

鮋魚 300 公克
鹽與胡椒 各 1 小匙
紅肉地瓜泥 10 公克
蟹腿肉 3 個
菠菜葉 2 葉
醃汁 2 大匙
煮熟的千層麵 1 片
雞肉泥 50 公克
蝦夷蔥碎 1 小匙
橄欖油 1 大匙
藜麥 20 公克
雞高湯 120 毫升
紅、黃、青椒丁 20 公克
馬鈴薯泥 20 公克
奶油 15 公克
明蝦 3 隻
杏鮑菇丁 50 公克
俄力岡葉 1 小匙
波特酒 50 毫升
蛋 1 顆
醋水 適量
冷開水 適量
煮熟的青花菜 20 公克
食用花 少許
海苔 1 段
杏桃丁 5 公克
蒔蘿碎 1 株
白酒醬汁 2 大匙

⭐ Tips

水波蛋必須盡快食用完畢，不可
隔餐食用。
作法 17 醋水作法：白醋與水的
比例為 1：6，混合即可。

作法

1 鮋魚以蝴蝶刀剖半片開（預
留 2 小條魚肉），撒上鹽和
胡椒調味。

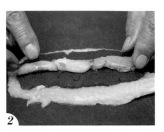

2 在鮋魚片上依序鋪紅肉地瓜
泥和蟹腿肉。

3 將鮋魚片捲起。

4 保鮮膜上鋪菠菜葉，再放上
鮋魚卷。

5 將保鮮膜捲起包住鮋魚卷，
入滾水煮 12 分鐘，備用。

6 鮋魚條淋上醃汁，入預熱至
180℃烤箱烤 8 分鐘（圖為烤
好的成品），備用。

119

7

取另一張保鮮膜，放上煮熟的千層麵。

8

放上雞肉泥，捲起（捲約一圈半）。

9

將多餘麵皮切除，用保鮮膜捲起包好，入滾水煮 8 ～ 10 分鐘。

10

煮好的千層麵雞肉捲切段，沾上蝦夷蔥碎，備用。

11

鍋內下橄欖油，放入藜麥稍微拌炒，加雞高湯（雞高湯作法請見本書 p.89 作法 1）。

12

煮滾後，放進紅、黃、青椒丁，再煮 10 ～ 15 分鐘。

13

將藜麥煮成糊狀即可。

14

煮好的藜麥與馬鈴薯泥拌勻，備用。

15

鍋中加入奶油，下明蝦、杏鮑菇丁、撕碎的俄力岡葉，炒熟。

16

倒入波特酒,燒至酒精揮發,備用。

17

蛋放入微滾的醋水(醋水溫度須維持在約 92℃)。

18

煮 3 分鐘後,轉中大火使水波蛋成形。

19

用篩網撈出,以冷開水冰鎮避免水波蛋繼續熟成。

20

水波蛋以廚房紙巾吸乾水分,與煮熟的青花菜、千層麵雞肉卷一起排盤。

21

作法 14 拌好的藜麥馬鈴薯以湯匙整圓,擺盤;放上作法 16 的炒料和食用花。

22

作法 5 中煮好的魴魚捲去掉保鮮膜,切去頭、尾端(較美觀)。

23

用海苔圈住魴魚卷,擺盤。

24

作法 6 烤魴魚條切段,排盤;杏桃丁擺盤;蒔蘿碎撒在盤上;淋上白酒醬汁(作法請見本書 p.27)。

香煎鱸魚襯蔬菜
Pan fried Sea Bass with Tomato Sauce

材料

鱸魚菲力 200 公克
鹽與胡椒 各 1 小匙
凱莉茴香 ½ 小匙
紅椒粉 3 公克
麵粉 1 大匙
奶油 15 公克
君度橙酒 5 毫升
奶油 15 公克
檸檬皮碎 1 小匙
酥皮 1 片
燙過的綠蘆筍 2 枝
蛋液 1 顆
迷迭香葉 1 株
鬱金香粉 2 公克
蒜末 5 公克
紅蔥頭碎 5 公克
煮好的義大利麵 50 公克
奶油 15 公克
番茄丁 10 公克
蝦夷蔥碎 1 小匙
烤紅椒片 2 片
水田芥 2 株
白松露油 5 毫升
番茄醬汁 3 大匙

作法

1 取鱸魚菲力部位,在魚皮面劃十字,撒鹽和胡椒調味。

2 烤盤上撒凱莉茴香、紅椒粉。

3 再撒上麵粉。

4 混合均勻。

5 魚排兩面均勻沾粉,拍去多餘的粉。

6 鍋內下奶油,裹粉的魚排皮面朝下入鍋。

7

煎上色後翻面。

8

加入君度橙酒,魚排煎至約7
分熟即可起鍋。

9

煎魚排放入烤盤,放上奶油
與檸檬皮碎。

10

以預熱200℃烤箱烤6分鐘
(圖為烤好的成品),備用。

11

酥皮切段。

12

燙過的綠蘆筍取前段,以酥
皮包住綠蘆筍。

13

酥皮綠蘆筍放至烤盤,刷上
蛋液。

14

入預熱至220℃烤箱烤6分鐘
(圖為烤好的成品),備用。

15

鋼盆內放入迷迭香葉、鬱金
香粉、蒜末、紅蔥頭碎與煮
好的義大利麵。

16
混合拌勻。

17
取一鍋加奶油，放入方形模具，將拌好的義大利麵入模。

18
煎成麵餅即可起鍋，脫模，將多出來的麵條修邊，備用。

19
番茄丁和蝦夷蔥碎混合拌勻，備用。

20
酥皮綠蘆筍排盤，放上烤紅椒片。

21
煎麵餅和烤鱸魚擺盤。

22
在魚排上放作法 19 拌好的番茄丁，放上水田芥。

23
淋上白松露油。

24
在盤上淋番茄醬汁（番茄醬汁作法請見本書 p.17），可搭配一起品嘗。

香煎比目魚佐奶油辣根醬
Dover Sole with Berry Cream Sauce

材料

去皮比目魚 150 公克
白酒 1 大匙
月桂葉 2 片
百里香 1 株
白蘭地 1 大匙
鹽與胡椒 各 ½ 小匙
奶油 3 塊
南瓜泥 40 公克
辣根醬 1 大匙
烤好的茄子 2 片
炒培根絲 10 公克
烤松子 1 小匙

〔奶油醬汁〕
奶油 1 大匙
紅蔥頭碎 1 大匙
蒜頭碎 1 大匙
鮮奶油 10 毫升
起司粉 1 大匙
巴西里碎 1 小匙

〔覆盆子醬汁〕
覆盆子果泥 50 毫升
蝦夷蔥碎 1 小匙
核桃碎 1 小匙

奶油 15 公克
黃、綠櫛瓜 各 20 公克
細砂糖 1 大匙
煮熟北非小米 100 公克
煮熟四季豆 20 公克
綜合菇 40 公克
孢子甘藍 1 顆
墨魚汁 1 小匙

作法

去皮比目魚在目測分成 3 等份的地方輕輕劃刀、不要切斷。（比目魚的處理方法請見本書 p.200）

將劃刀後的魚肉摺成 3 疊。

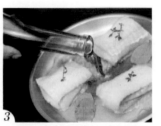

比目魚放置烤盤，在盤中淋上白酒，放上月桂葉。在魚肉上放百里香，並淋上白蘭地。

比目魚撒鹽和胡椒調味，每塊魚肉分別放上奶油。

以保鮮膜封住比目魚，蒸 12 分鐘。

南瓜泥以濾網濾乾水分。

7

南瓜泥與辣根醬、切碎的烤茄子、培根絲、烤松子混合拌勻，備用。

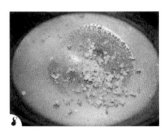

8

取一鍋加入奶油，炒香紅蔥頭碎及蒜碎。

9

接續上個步驟，於鍋中倒入作法 5 中蒸好的比目魚湯汁80 毫升。

10

煮至醬汁濃縮剩⅓後，加入鮮奶油拌勻。

11

放入起司粉、巴西里碎，拌勻成奶油醬汁備用。

12

取另一鍋倒入覆盆子果泥。

13

以1:1的比例倒入奶油醬汁，混合均勻。

14

加入蝦夷蔥碎、核桃碎拌勻成覆盆子醬汁備用。

15

取一鍋加奶油，放入削成橄欖型的黃、綠櫛瓜，加入細砂糖。（橄欖型櫛瓜的切法請見本書 p.202）

16

炒至櫛瓜油亮上色。

17

在剩餘的奶油醬汁裡，拌入
預先煮熟的北非小米。

18

將北非小米和醬汁充分攪拌
均勻，備用。

19

將煮熟的四季豆切段排盤，
備用。

20

煎鑊上放方形模具，填入作
法7拌好的南瓜泥壓實定形。

21

南瓜泥脫模擺盤，放在四季
豆旁。

22

同上述步驟的作法，在方形
模具內填入拌好的北非小米
壓實定形，脫模後放在四季
豆上。

23

承上個步驟，在北非小米上
放作法5的蒸魚。

24

煮熟的綜合菇、孢子甘藍擺
盤，在南瓜泥上放炒櫛瓜。
覆盆子醬汁淋盤，再滴墨魚
汁點綴。

香煎圓鱈襯燴蔬菜
Cod Fish a la Old Faction

材料

鱈魚骨 200 公克
水 800 毫升
圓鱈 180 公克
鹽與胡椒 各 1 小匙
奶油 15 公克
百里香葉 1 株
雪莉酒 10 毫升
白酒 10 毫升
鮮奶油 50 毫升
巴西里碎 少許
煮熟的通心麵 5 根
青豆泥 3 大匙
海藻 1 大匙
香菇片 2 大匙
甜豆 1 根
龍蝦汁 2 大匙

作法

1 鱈魚骨加水熬成高湯，煮的過程中需撈去浮沫，煮約半小時，成鱈魚高湯，備用。

2 圓鱈在皮上劃刀，撒鹽和胡椒調味。

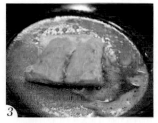

3 鍋中加奶油，圓鱈入鍋（皮面朝下）。

4 加入百里香葉。

5 煎至上色後翻面續煎。

6 倒入雪莉酒。

7

倒入白酒，將酒精燒至揮發。

8

圓鱈起鍋（煎魚的醬汁留用），放上烤盤，入預熱至180℃烤箱，烤8分鐘。

9

在煎魚的醬汁內加入鮮奶油。

10

醬汁續煮至濃縮，撒上巴西里碎，拌勻即成鱈魚醬汁，備用。

11

在煮熟的通心麵內填入青豆泥，備用。

12

鱈魚醬汁鋪盤。

13

放上烤好的圓鱈。

14

海藻預先泡水，擦乾，將海藻擺盤在圓鱈旁。

15

再放上燙熟的香菇片和甜豆。

16

圓鱈上放青豆泥通心麵。

17

作法1中熬煮的鱈魚骨擺盤。

18

淋上龍蝦汁（龍蝦汁作法請見本書 p.29）。

鮮蔬烤白鰻
Baked Eel with Pesto

材料

白鰻魚 200 公克
蒜片 10 片
蒜苗段 6 ~ 8 段
栗子塊 1 ~ 2 顆的量
百里香碎 少許
辣根醬 5 公克
黑橄欖 2 ~ 3 粒
蜂蜜 1 小匙
洋蔥絲 15 公克
牛肝菌 3 ~ 4 塊
法式煎餅 1 張
亞麻仁油 30 毫升
蘑菇片 50 公克
杏鮑菇片 50 公克
紅蔥頭碎 30 公克
塔可調味粉 1 小匙
水煮馬鈴薯 150 公克
細蘆筍 3 枝
茄子泥 30 公克
青醬 1 大匙
紅、黃、青椒丁 各 1 小匙
玉米脆片 1 片
風乾番茄 1 顆

 Tips

將茄子烤熟，利用湯匙刮下茄肉
與百里香碎混合，即成茄子泥。

作法

1
在熟的白鰻魚上鋪放蒜片、
蒜苗段、栗子塊和百里香碎，
備用。

2
黑橄欖切半，與辣根醬混合。

3
接續上個步驟，加入蜂蜜攪
拌均勻。

4
再拌入預先炒軟的洋蔥絲。

5
將上述步驟中拌好的橄欖洋
蔥絲鋪在烤盤上，並放上切
塊的牛肝菌。

6
承接上個步驟，橄欖洋蔥絲
上疊放作法 1 的白鰻魚。

入預熱至 180°C 的烤箱，烤 7 分鐘（圖為烤好的成品）。

取一鍋，乾煎法式煎餅。

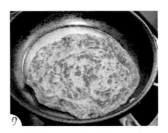

將薄餅煎至 2 面呈金黃色即可起鍋，備用。

另一只鍋加入亞麻仁油（或橄欖油）。

11

下蘑菇片、杏鮑菇片、紅蔥頭碎，拌炒。

12

加塔可調味粉（或義式綜合香料），拌炒至熟。

13

水煮馬鈴薯切半，放上燙熟的細蘆筍，再放上上述步驟的炒菇。

14

煎好的餅皮切成同烤鰻魚的大小，放上原本鋪在烤鰻魚底下的烤橄欖洋蔥絲，擺盤。

15

接續上個步驟，再疊放上烤鰻魚。

16

茄子泥整形，擺盤；茄子泥上疊放作法 13 的馬鈴薯炒菇（茄子泥作法請見前頁 Tips）。

17

青醬淋在烤鰻魚的邊緣（青醬作法請見本書 p.19），鋪上紅、黃、青椒丁。

18

在炒菇上放玉米脆片和風乾番茄。

松露海膽蟹肉佐野米
Seafood Stew with Truffle Pilaf

材料

柴魚高湯 150 毫升
蛋液 50 公克
松露醬 1 大匙
蟹腿肉 30 公克
紅、黃、青椒丁 各 10 公克
墨魚腳 50 公克
明蝦 100 公克
鱸魚 60 公克
帝王蟹腳 200 公克
野米 20 公克
鱈魚高湯 100 毫升
青豆醬汁 50 公克
南瓜泥 50 公克
煮好的玉米澱粉 20 公克

作法

1
鋼盆內放入柴魚高湯、蛋液，加入松露醬。

2
攪拌均勻成松露柴魚高湯，靜置等待消泡，備用。

3
模具底部包保鮮膜，放進蟹腿肉和紅、黃、青椒丁。

4
墨魚腳切成適合模具的大小，放入模具，再依序放上明蝦和鱸魚。

5
倒入作法2的松露柴魚高湯，將模具放上烤盤，連同帝王蟹腳一起蒸 25 分鐘。

6
鍋內放入野米，加鱈魚高湯（作法請見本書 p.131 作法 1），煮 25 分鐘。

7
青豆醬汁過濾，留下青豆泥；南瓜泥以同樣方式過濾。

8
作法5蒸好的綜合海鮮脫模，盛盤。

9
以圓形空心模具將蒸綜合海鮮圈在中央，周圍鋪滿青豆泥，稍微壓實。

10
在青豆泥上鋪煮好的玉米澱粉（玉米澱粉的作法請見本書 p.72 作法 10～11）。

11
以同樣方式，在綜合海鮮的另外兩側鋪上南瓜泥，脫模。

12
煮好的野米擺盤，放上烤帝王蟹腳。

普凡西田雞腿
Frog Leg Provençal

材料

田雞腿 2 隻
鹽與胡椒 各 1 小匙
麵粉 2 大匙
奶油 15 公克
白酒 80 毫升
奶油 15 公克
紅、黃、青椒丁 15 公克
紅蘿蔔丁 15 公克
紅蔥頭碎 15 公克
蒜碎 15 公克
洋蔥碎 15 公克
鹽 1 小匙
藍莓醬 1 大匙
紅石榴 10 公克
酸奶油 1 大匙
雞肉泥 80 公克
荳蔻粉 5 公克
娃娃菜 2 棵
海鮮高湯 200 毫升
昆布 20 公克
番茄醬汁 4 大匙
白酒醬汁 2 大匙
煮熟的鳥巢麵 100 公克
綠捲鬚生菜 2 葉
茵陳蒿 1 小株

作法

1. 將田雞分切成單腿。

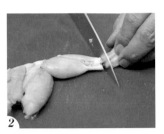

2. 切除田雞的腳掌。

3. 田雞腿撒上鹽與胡椒調味，均勻沾裹麵粉。

4. 鍋內加奶油 15 公克，放入裹好麵粉的田雞腿。

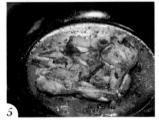

5. 當田雞腿煎至上色後翻面，續煎。

6. 加白酒，煎熟即可（也可用烤箱烤至熟），備用。

7

另一只鍋中加奶油15公克，下紅、黃、青椒丁，加入紅蘿蔔丁、紅蔥頭碎、蒜碎、洋蔥碎。

8

拌炒，加鹽調味。

9

加入藍莓果醬（藍莓果醬作法請見本書p.54作法9～11），拌勻。

10

將上述步驟中炒好的蔬菜料入模，壓實，備用。

11

鋼盆內加紅石榴和酸奶油。

12

攪拌均勻。

13

加入雞肉泥，拌勻。

14

加入荳蔻粉拌勻，完成雞肉慕斯。

15

將拌好的雞肉慕斯填入模具，壓實。

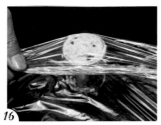

16

以保鮮膜緊緊包覆（可包2層），放入滾水，以小火煮約15分鐘。

17

煮好的雞肉慕斯去掉保鮮膜，以廚房紙巾吸乾水分，切段修邊，備用。

18

娃娃菜以水（或海鮮高湯）燙熟，用廚房紙巾吸去多餘水分。

19

昆布以水燙過，切成小條。

20

番茄醬汁入盤（作法請見本書 p.17），沿著醬汁外圈再淋白酒醬汁（作法請見本書 p.27）。

21

將娃娃菜鋪在醬汁上，放上作法17雞肉慕斯。

22

燙熟的鳥巢麵修成等長，捲成一圈，放上昆布條，擺盤。

23

作法10的蔬菜料脫模，疊放在雞肉慕斯上。

24

煎好的田雞腿以廚房紙巾吸油，擺盤；放上綠捲鬚和茵陳蒿點綴。

Chapter 6

主菜・肉類
Main Courses
of Meat

肉類主菜是西餐中的第四道菜，取牛、豬、羊肉等食材

烹調，佐以不同醬汁及配菜，

充分感受到肉的富足鮮美。

百花牛肉
Roasted Beef Ribs with Red Wine Sauce

材料

牛小排 2 塊
芝麻醬 1 大匙
巴西里碎 1 小匙
九層塔碎 1 小匙
黑、白芝麻 1 小匙
水煮馬鈴薯 2 顆
紅蔥頭碎 30 公克
澄清奶油 50 公克
蝦夷蔥碎 30 公克
黑、白芝麻 15 公克
紅、黃、青椒丁 各 1 小匙
迷迭香碎 1 小匙
蕪菁片 1 片
煮熟的孢子甘藍 半顆
俄力岡 1 小株
紅酒醬汁 1 大匙

作法

1
牛小排放上烤盤，其中一塊抹上芝麻醬，備用。

2
另一塊牛小排上依序放巴西里碎、九層塔碎和黑、白芝麻，備用。

3
切片的水煮馬鈴薯放置烤盤上，每片分別放上紅蔥頭碎。

4
將澄清奶油融化。

5
淋在馬鈴薯片上。

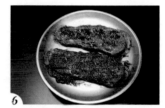

6
牛小排、馬鈴薯放入預熱到 200℃烤箱烤 8 分鐘（圖為牛小排烤好成品）。

7
烤好的芝麻醬牛小排切段。

8
承接上個步驟，在牛小排上鋪上一半蝦夷蔥碎，另外半邊鋪黑、白芝麻。

9
另一塊撒了巴西里和芝麻的牛小排切成丁。

10
紅、黃、青椒丁擺盤；烤好的馬鈴薯上放迷迭香碎、蕪菁片、孢子甘藍和俄力岡。

11
紅酒醬汁淋盤（紅酒醬汁的作法請見本書 p.25），放上作法 8 的牛小排。

12
最後放上作法 9 的切丁牛小排即可。

145

紅酒小牛菲力
Veal Fillet with Red Wine Sauce

材料

橄欖油 1 大匙
小牛菲力 150 公克
鹽與胡椒 適量
白酒 30 毫升

〔芥香醬汁〕
紅蔥頭碎 25 公克
奶油 15 公克
培根碎 15 公克
牛骨肉汁 50 毫升
鮮奶油 30 毫升
芥末油 15 毫升

〔蛋白霜〕
蛋白 2 顆
糖 30 公克

紅肉地瓜泥 80 公克
綠捲鬚生菜 10 公克
茵陳蒿 1 株
娃娃菜 1 株
紅圓生菜 1 葉
法國麵包 1 片
鵝肝醬 1 大匙
烤菇 30 公克
蝦夷蔥碎 1 小匙
鯷魚 1 隻
金箔 少許

作法

1 鍋內加橄欖油，放入小牛菲力，撒鹽和胡椒調味。

2 煎熟後翻面，加入白酒，煎熟後起鍋備用。

3 在同一鍋內下紅蔥頭碎、奶油拌炒。

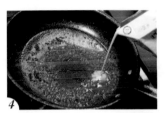
4 加培根碎、牛骨肉汁、鮮奶油（牛骨肉汁作法請見本書 p.23），拌勻。

5 關火，加芥末油，混合即成芥香醬汁，備用。

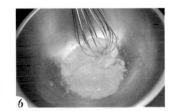
6 鋼盆內打發蛋白。

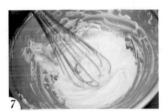
7 分次加入糖，打發成蛋白霜。

8 蛋白霜入擠花袋，擠在烤盤上，入預熱至 120℃ 烤箱烤 30 分鐘。

9 紅肉地瓜泥以三角模具壓模，盛盤，再放上綠捲鬚、茵陳蒿、娃娃菜、紅圓生菜。

10 法國麵包上抹鵝肝醬（鵝肝醬作法請見本書 p.45 作法 1 ～ 14），放上烤菇和蝦夷蔥碎，擺盤。

11 放上鯷魚，作法 5 的芥香醬汁淋盤鋪底。

12 作法 2 的小牛菲力擺盤，放上烤蛋白霜，點上金箔裝飾。

香煎杏仁小羊排
Lamb Rack with Gravy

材料

橄欖油 1 大匙
帶骨羊肩排 各 1 小匙
鹽與胡椒 各 1 小匙
波特酒 15 毫升
奶油 15 公克
百里香 1 枝
波特酒 30 毫升
雞骨肉汁 50 毫升
百里香碎 1 株
松露碎 10 公克
鮮奶油 20 毫升
墨西哥餅皮 1 張

〔千層麵卷〕
煮熟千層麵 1 張
馬鈴薯泥（全部）150 公克
番茄丁（全部）20 公克
炒北非小米（全部）100 公克
青豆泥（全部）150 公克

烤杏仁片 約 20 片
珍珠洋蔥 2 顆
蝦夷蔥碎 1 小匙

⭐ *Tips*

作法 20 中烤杏仁片的作法：杏仁片以 190℃的烤箱烤 6 分鐘，烤至上色。千層麵卷材料中的馬鈴薯泥、番茄丁、炒北非小米、青豆泥分量皆為總量，製作時請分批酌量使用。

作法

1 鍋內下橄欖油，放入帶骨羊肩排，撒鹽和胡椒調味。

2 翻側邊續煎，分別將羊排的四面煎熟。

3 加入 15 毫升的波特酒，燒至酒精揮發，起鍋。

4 煎羊排入烤盤，放上奶油、百里香，淋 30 毫升的波特酒。

5 入烤箱，以 180℃烤 15 分鐘（圖為烤好的成品）。

6 同一鍋內加雞骨肉汁和百里香碎（雞骨肉汁作法請見本書 p.21），與原在鍋內的煎汁拌勻。

7 加入松露碎，起鍋前加鮮奶油拌勻，成羊排醬汁備用。

8 墨西哥餅皮切條。

9 入油鍋。

10 炸至上色後即可濾油起鍋，備用。

11 從煮熟千層麵的邊邊開始擠3條馬鈴薯泥各約10公克（位置取千層麵約⅓處，擠馬鈴薯泥需間隔空隙）。

12 在馬鈴薯泥之間，鋪上10公克的番茄丁和10公克的炒北非小米。

13 將千層麵摺起，蓋住上述步驟鋪放的材料。

14 從摺好的千層麵邊邊開始擠3條青豆泥各約10公克（位置取千層麵約的中段處，青豆泥需間隔空隙）。

15 在青豆泥之間，鋪上10公克的炒北非小米和10公克的番茄丁。

16

千層麵反摺蓋上，完成千層
麵卷。

17

作法7的羊排醬汁鋪盤，放
上千層麵卷。

18

在千層麵卷上擠青豆泥和馬
鈴薯泥。

19

中間鋪上剩餘的炒北非小米。

20

放上作法10的炸墨西哥餅
皮，青豆泥插上烤杏仁片裝
飾，珍珠洋蔥擺盤。

21

取出烤好的羊排，拿刀貼著
羊骨把肉切下即完成去骨。

22

烤羊排切塊。

23

接續上個步驟，烤羊肉擺盤。

24

撒上蝦夷蔥碎。

精選小牛背
Veal Rack with Saffron Gravy

材料

帶骨小牛背 1 隻（100 公克）
無骨小牛背 80 公克
胡椒 ½ 小匙
孜然粉 1 小匙
九層塔 6 葉
百里香 1 枝
橄欖油 15 毫升
白蘭地 30 毫升
酥皮 1 片
蛋液 1 顆
奇芽子 1 小匙
地瓜泥 20 公克
栗子 2 顆
核桃 2 顆
雞肉泥 30 公克
麵粉 適量
奶油 15 公克
迷迭香 1 株
燙熟的菠菜葉 3 葉

〔安娜洋芋〕
馬鈴薯 40 公克
鮮奶油 10 毫升
蛋 1 顆
起司粉 6 公克

〔番紅花醬汁〕
番紅花絲 1 公克
奶油 15 公克
紅蔥頭碎 10 公克
白酒 50 毫升
雞骨肉汁 50 毫升

蕪菁片 3 片
薏仁 1 小匙
核桃和開心果 1 小匙
煮熟四季豆 20 公克
青豆泥 1 大匙
鼠尾草 1 株
蒔蘿 1 株

作法

1 將帶骨小牛背分切，取需要的量。

2 取一塊無骨小牛背，另外留一塊帶骨小牛背。

3 在小牛背撒上胡椒、孜然粉調味。

4 鍋內放九層塔、百里香、橄欖油，九層塔和百里香油炸後過濾，留鍋內的油。

5 小牛背入鍋中，煎至上色，翻面。

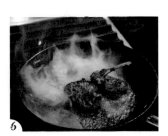

6 加入白蘭地，燒至酒精揮發，小牛背煎熟後起鍋，備用。

7

酥皮切條，蓋在煎好的無骨小牛背上，刷上蛋液。

8

入已預熱至180℃烤箱烤約8分鐘至酥皮上色（圖為烤好的成品）。

9

奇芽子泡水，與地瓜泥、切碎的栗子和核桃、雞肉泥混合均勻。

10

攪拌均勻，揉成球狀。

11

將雞肉球沾裹麵粉，用手搓成圓球狀。

12

取一鍋加奶油，放入雞肉球，撒上迷迭香。

13

用煎鏟把雞肉球壓扁，煎至上色後翻面，煎熟即可起鍋。

14

雞肉餅切成段，用燙熟的菠菜葉包住。

15

包好的雞肉餅備用。

16
切片馬鈴薯疊起,以模具壓模(馬鈴薯片留在模具內)。

17
鮮奶油、全蛋、起司粉混合,倒入模具內。

18
接續上個步驟,入已預熱至180℃烤箱烤10分鐘後,再以120℃烤20分鐘,完成安娜洋芋,備用。

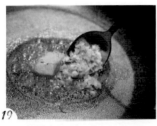

19
取一鍋加入番紅花絲、奶油、紅蔥頭碎,炒香。

20
加白酒、雞骨肉汁拌勻(雞骨肉汁作法請見本書 p.21),完成番紅花醬汁,備用。

21
蕪菁片、薏仁、核桃、開心果擺盤,安娜洋芋、煮熟四季豆擺盤,放上帶骨小牛背。

22
青豆泥淋盤,在上面放上作法8烤好的酥皮小牛背。

23
放上作法15的雞肉餅和鼠尾草、蒔蘿。

24
淋上作法20的番紅花醬汁。

鮮蔬燉牛尾
Ox-tail Stew

材料

牛尾 400 公克
杜松子 5 公克
黑胡椒粒 少許
白蘭地（或紅葡萄酒）1 大匙
白松露油 1 大匙
紅蘿蔔塊 20 公克
西芹段 20 公克
蒜苗段 20 公克
茴香塊 20 公克
月桂葉 2 片

{雞肉清湯}
洋蔥 30 公克
蒜末 15 公克
紅蘿蔔碎 15 公克
西芹碎 15 公克
蛋白 2 顆
百里香 1/2 小匙
月桂葉 1 片
白蘭地 1 大匙
白酒 2 大匙
雞胸肉 400 公克
雞高湯 1 公升

橄欖油 1 大匙
紅、黃椒絲 各 10 公克
洋蔥絲 10 公克
煮熟的鳥巢麵 50 公克
蝦夷蔥碎 1 小匙
鹽與胡椒 各 ½ 小匙
山蘿蔔葉 1 株

作法

鋼盆內放牛尾，加入杜松子和黑胡椒粒。

倒入白蘭地和白松露油。

放入紅蘿蔔、西芹、蒜苗、茴香塊，再放入月桂葉，冷藏醃製 1 天。

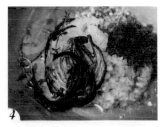
洋蔥切片烤至上色，和蒜末、紅蘿蔔碎、西芹碎、蛋白、百里香、月桂葉一起放入乾淨的鋼盆。

雞胸肉切碎，放入鋼盆。

依序倒入白蘭地、白酒，攪拌均勻。

157

7 接續上個步驟，將拌好的雞胸肉材料放進雞高湯，煮 45 分鐘。

8 煮的過程中，食材會浮起並逐漸成團。

9 煮好後以紗布過濾掉湯裡的食材。

10 雞肉清湯留用。

11 將作法 3 醃製好的牛尾，連同醃料一起放入雞肉清湯（以冷湯開始煮）。

12 以小火燉煮 4 小時（用壓力鍋則燉 1 小時即可）。湯裡的蔬菜過濾，備用。

13 取一鍋加橄欖油，放入紅、黃椒絲和洋蔥絲。

14 加入預先煮熟的鳥巢麵。

15 撒上蝦夷蔥碎，並以鹽和胡椒調味，拌炒均勻。

16 承接上個步驟，炒好的鳥巢麵連同炒料盛盤。

17 再放上燉牛尾與燉煮蔬菜。

18 牛尾湯淋盤，放上山蘿蔔葉裝飾。

烤羊腿佐墨魚麵
Lamb Trio

材料

羊腿肉 200 公克
鹽與胡椒 各 1 小匙
茵陳蒿葉 1 株
橄欖油 15 毫升
迷迭香碎 1 株
蘑菇片 10 公克
奶油 15 公克
水煮馬鈴薯片 120 公克
綜合菇 200 公克
珍珠洋蔥 6 ～ 7 顆
紅、黃、青椒丁 各 30 公克
洋蔥碎 30 公克
蒜末 5 公克
紅蔥頭碎 5 公克
鹽與胡椒 各 ½ 小匙
熟墨魚麵 50 公克
青豆泥 15 公克
洋芋泥 15 公克
綠捲鬚生菜 少許
紅、黃番茄 各半顆
燙熟的青花菜 1 小朵
燙熟的豌豆莢 1 個
甜菜丁 少許
羊排醬汁 1 大匙

作法

1 茵陳蒿葉與橄欖油混合。

2 加入迷迭香碎、蘑菇片，拌勻，備用。

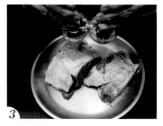

3 羊腿撒上鹽與胡椒調味。

4 取一鍋，下調味過的羊腿乾煎，煎至上色。

5 羊腿翻面後同樣煎至上色，備用。

6 另一只鍋中加奶油，放入水煮馬鈴薯片。

7

馬鈴薯煎至上色後翻面,起鍋備用。

8

接續上個步驟,在同一鍋內加入作法 2 拌好的蘑菇片,炒熟。

9

綜合菇放至烤盤,將上個步驟的炒蘑菇片連同炒汁淋上。

10

再放上煎羊腿,一起入預熱至 190℃烤箱,烤 10 分鐘(圖為烤好的成品)。

11

鍋內加珍珠洋蔥,再加入紅、黃、青椒丁和洋蔥碎,拌炒。

12

再加蒜末、紅蔥頭碎,以鹽與胡椒調味,炒熟備用。

13

在中空模具裡放煮熟的墨魚麵,入鍋,稍微壓一下麵條定形。

14

兩面煎至微脆成墨魚餅,脫模,備用。

15

在盤上擠青豆泥和洋芋泥,再依序放上切條的烤羊肉、烤蘑菇片、烤香菇和綠捲鬚。

16

煎墨魚餅上放紅、黃番茄與燙熟的青花菜,擺盤。

17

在煎馬鈴薯上放燙熟的豌豆莢,放上作法 12 的炒料,擺盤,再放上甜菜丁。

18

淋上羊排醬汁(作法請見本書 p.149 作法 1 ～ 7)。

嫩肩肋眼牛排襯義式蔬菜佐松露汁
Rib-eye Steak with Truffle Sauce

材料

綠、黃櫛瓜片 各 5～7 片
橄欖油 1 大匙
鹽與胡椒 各 ½ 小匙
百里香碎 1 株
茴香頭碎 10 公克
蝦夷蔥碎 5 公克
番茄丁 20 公克
橄欖油 15 毫升
煮好的北非小米 100 公克
橄欖油 1 大匙
肋眼牛排 200 公克
鹽與胡椒 各 1 小匙
奶油 15 公克
波特酒 30 毫升
牛骨肉汁 120 毫升
奶油 15 公克
燙熟的甜豆莢 3 根
煮熟的馬鈴薯泥 少許
煮熟的黑豆 4 顆
炸墨魚麵 2 根
羅勒葉 1 葉
紅、黃椒絲 少許
紅洋蔥絲 少許

Tips
將松露醬汁直接淋在生菜上會使生菜容易塌掉不美觀；淋在生菜周圍享用時再沾取即可。

作法

1 百里香碎、茴香頭碎、蝦夷蔥碎、番茄丁和橄欖油放入鋼盆。

2 再加入煮好的北非小米。

3 攪拌均勻，備用。

4 鍋內加橄欖油燒熱，放入肋眼牛排，撒各 1 小匙鹽與胡椒調味，煎至熟。

5 承上述步驟，翻面前加奶油 15 公克，翻面續煎。

6 再加入波特酒，燒至酒精揮發，煎熟後即可起鍋，備用。

7 將煎牛排的湯汁過濾至另一只鍋中。

8 加入牛骨肉汁和 15 公克奶油，煮滾，即完成松露醬汁，備用。

9 櫛瓜片淋橄欖油，撒鹽和胡椒，入預熱到 180℃ 烤箱烤 15 分鐘（圖為烤好成品）。

10 烤櫛瓜片、甜豆莢排盤，馬鈴薯泥擠花，上面放黑豆、炸墨魚麵、羅勒葉。

11 煎牛排擺盤，上面放拌好的北非小米，並以紅、黃椒絲和紅洋蔥絲點綴。

12 淋上松露醬汁。

茴香牛肉
Beef Bisket,Veal Stew with Tomato Jam

材料

小牛和牛腩 6 塊（200 公克）
孜然粉 2 大匙
巴西里 5 公克
九層塔 5 公克
茴香 5 公克
茵陳蒿 5 公克
番茄醬 2 大匙

〔優格芝麻醬〕
芝麻醬 170 公克
檸檬汁 2 大匙
橄欖油 30 毫升
鹽 1 小匙
酸奶油 400 公克

橄欖油 1 大匙
蒜末 5 公克
洋蔥碎 5 公克
巴西里碎 5 公克
雞豆 15 公克
煮好的藜麥 30 公克
紅椒粉 3 公克
巴西里碎 10 公克
馬鈴薯絲 50 公克
炒軟的洋蔥絲 20 公克

麵粉 1 大匙
全蛋液 1 顆
蝦夷蔥碎 1 小匙
橄欖油 1 大匙
柳橙果汁 100 毫升
吉利丁 1 片
新鮮山葵 20 公克
紅、黃椒絲 各 10 公克
茴香絲 10 公克
綜合堅果 1 大匙
燙熟的甜豆筴 3 個

⭐ *Tips*

作法 17 中，果凍脫模時，可先
稍微將模具浸泡熱水，取出時較
不容易使果凍碎裂。

作法

1 小牛和牛腩切段，撒上孜然粉和切碎的巴西里、九層塔、茴香、茵陳蒿。

2 淋上番茄醬。

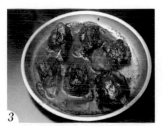

3 牛肉入已預熱至 180℃烤箱烤 18 分鐘（圖為烤好的成品，湯汁留用）。

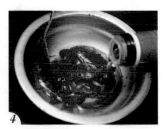

4 碗內加芝麻醬、檸檬汁、橄欖油、鹽拌勻。

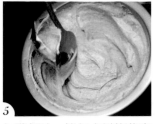

5 加酸奶油，拌勻成優格芝麻醬，備用。

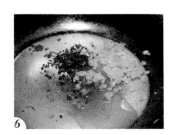

6 鍋內下橄欖油，放入蒜末、洋蔥碎、5 公克的巴西里碎，炒香。

7
加入雞豆、預先煮好的藜麥和紅椒粉。

8
拌炒均勻。

9
最後再加入巴西里碎10公克,炒約10分鐘,起鍋備用。

10
鋼盆內放入馬鈴薯絲、炒軟的洋蔥絲、麵粉、全蛋液。

11
攪拌均勻。

12
加入40公克作法9的炒藜麥,與蝦夷蔥碎拌勻。

13
將上述步驟中拌好的馬鈴薯洋蔥絲入模。

14
鍋內加橄欖油熱鍋,馬鈴薯洋蔥絲連同模具一起入鍋,以大火煎至上色後,轉小火慢煎。

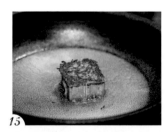

15
翻面,繼續以小火慢煎至熟,起鍋。

16

沿著模具的邊劃刀,使馬鈴薯脫模,備用。

17

果汁與軟化的吉利丁混合後入模,冷藏約 20 分鐘製成果凍,脫模,備用。

18

新鮮山葵去根、頭部,去皮。

19

磨成新鮮山葵碎,備用。

20

紅、黃椒絲和茴香絲排盤,放上作法 16 的煎馬鈴薯和綜合堅果。

21

燙熟的甜豆莢和果凍擺盤。

22

作法 3 烤好的牛肉切段,擺盤,上面放新鮮山葵碎。

23

在煎馬鈴薯上,淋上優格芝麻醬,再擺放上作法 9 的炒藜麥。

24

在烤牛肉上淋作法 3 的湯汁。

燒烤羔羊襯紅玉甘藷紫蘿蔔泥
Roasted Lamb Rack with Mastard Sauce

材料

小羊排 150 公克
南瓜子 30 公克
蝦夷蔥 30 公克
茵陳蒿 20 公克
酪梨 40 公克
玉米碎片 40 公克
紅椒粉 15 公克
鹽與胡椒 ½ 小匙
洋蔥丁 15 公克
八角 5 ~ 7 個
薑末 10 公克
松露油 1 大匙
煮熟的泰國米 20 公克
鷹嘴豆 1 大匙
石榴 1 大匙
蝦夷蔥碎 1 小匙
橄欖碎 1 大匙
竹炭鹽 1 小匙
紫洋蔥絲 20 公克
酪梨泥 1 小匙
莫札瑞拉起司 2 顆
綠蘆筍 2 枝
松露片 3 片
石榴 4 顆
松露醬 2 大匙
杏桃乾 2 個
蘑菇丁 20 公克
核桃 2 顆
水田芥 1 小株

【芥末起司醬】
綠茴香 10 公克
牛肝菌汁 20 毫升
紅蔥頭碎 10 公克
蒜末 10 公克
奶油 15 公克
芥末籽醬 5 公克
鮮奶油 30 毫升
蝦夷蔥碎 10 公克
帕馬森起司 1 大匙

作法

1 將小羊排上的膜撕開,切除。

2 從羊排肉與骨頭連接處切開,使骨、肉分離,取肉。

3 拉住筋的一端,把肉切下(類似魚肉去皮的作法),備用。

4 南瓜子、蝦夷蔥、茵陳蒿切碎,酪梨切小丁,玉米碎片裝在塑膠袋內以刀背敲碎。

5 將上述材料和紅椒粉依序鋪在砧板上。

6 羊排撒鹽和胡椒調味,鋪蓋在上述步驟中的材料上。

7

使材料沾黏在羊排上。

8

烤盤上鋪放洋蔥丁、八角、薑末。

9

接續上個步驟，放上作法7的羊排，並淋上松露油。

10

煮熟的泰國米、鷹嘴豆、石榴、蝦夷蔥碎、橄欖碎、竹炭鹽混合拌勻。

11

紫洋蔥絲鋪在烤盤上，放上模具，將上述步驟拌好的泰國米入模。

12

以湯匙壓實。

13

再依序放上酪梨泥和莫札瑞拉起司。

14

綠蘆筍入烤盤，上面放松露片、石榴，淋上松露醬。

15

杏桃乾上放蘑菇丁、核桃，與其他材料入預熱至200℃的烤箱，烤10分鐘（圖為烤好成品）。

16 取一鍋，下綠茴香，放入牛肝菌汁，混合。

17 加入紅蔥頭碎、蒜末、奶油、芥末籽醬，拌勻。

18 倒入鮮奶油，下蝦夷蔥碎。

19 放入現刨的帕馬森起司，拌勻，完成芥末起司醬。

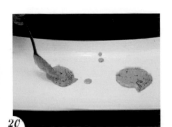

20 芥末起司醬淋盤鋪底。

21 放上烤蘆筍，在醬汁上放作法15烤好的羊排。

22 烤紫洋蔥絲、杏桃乾擺盤。

23 烤好的泰國米脫模。

24 接續上個步驟，將泰國米盛盤，放上水田芥裝飾。

171

蔬菜牛肉鍋
Pot au fue

材料

牛高湯 1 公升
牛腿肉 60 公克
牛肝菌 30 公克
奶油 15 公克
月桂葉 1 片
百里香 2 株
胡椒粒 1 小匙
白蘿蔔 40 公克
洋蔥 40 公克
西芹 40 公克
紅蘿蔔 40 公克
高麗菜 40 公克
牛腱 100 公克
烤牛骨髓 100 公克
酥皮 1 片
蛋液 1 顆
奶油 15 公克
蒜末 5 公克
洋蔥碎 5 公克
蘑菇碎 20 公克
百里香碎 5 公克
培根片 15 公克
紅、黃、青椒丁 各 5 公克
巴西里碎 1 小匙
鹽與胡椒 各 ½ 小匙
白松露油 1 大匙
義大利飯 30 公克
蝦夷蔥碎（燉飯用）1 小匙
蝦夷蔥碎 1 小匙

作法

1 湯鍋內冷的牛高湯裡放切片牛腿肉（牛高湯作法請見本書 p.101 作法 1～2），煮至牛腿肉半熟（表面熟）。

2 溫度升高後加入牛肝菌。

3 牛腿肉片起鍋備用，牛肉湯留用。

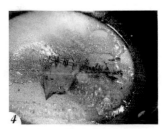

4 取一鍋加奶油，下月桂葉、百里香、胡椒粒。

5 加入切塊的白蘿蔔、洋蔥、西芹、紅蘿蔔、高麗菜，拌炒至香氣出來。

6 將作法 3 的牛肉湯倒一些入上述步驟炒蔬菜的鍋中，將蔬菜燉煮至熟。

7

預先煮過的牛腱切片。

8

湯鍋內再放入烤牛骨髓、切片牛腱、作法 7 的 2 片牛腿肉，倒入燉煮蔬菜，續煮 40 分鐘。

9

酥皮以模具壓模，壓出 4 塊。

10

在壓模完成的酥皮上，分別刷上蛋液。

11

將 4 塊酥皮疊在一起。

12

用刀子在第一層酥皮切出方形開口，入預熱到 220℃ 烤箱，烤 6 分鐘。

13

將烤好的酥盒第一層蓋子壓進酥盒內，備用。

14

作法 3 中剩餘 1 片煮好的牛腿肉切成小丁。

15

鍋中加奶油，下蒜末、洋蔥碎、蘑菇碎、百里香碎、培根片，拌炒。

16
加入紅、黃、青椒丁和巴西
里碎,拌炒。

17
起鍋前,以鹽與胡椒調味,
淋上白松露油。

18
在作法 13 的酥盒內填入上個
步驟中的炒料,備用。

19
以奶油燉煮的義大利飯入模。

20
壓實後脫模,擺盤,撒上 1
小匙蝦夷蔥碎。

21
接續上個步驟,再放上完成
的酥盒;取出湯裡的烤牛骨
髓,盛盤。

22
湯內燉煮的牛腿肉片、牛腱
和牛肝菌盛盤。

23
放上燉蔬菜。

24
倒入牛肉湯,撒上 1 小匙蝦
夷蔥碎。

羅西尼菲力牛排
Roasted Beef Fillet a la Rossini

材料

菲力 100 公克
鵝肝 40 公克
黑胡椒 ½ 小匙
伊比利火腿 20 公克
橄欖油 1 大匙
牛肝菌 40 公克
牛肝菌汁 60 毫升
奶油 15 公克
牛骨肉汁 60 毫升
小黃瓜 20 公克
紅蘿蔔 20 公克
孢子甘藍 1 顆
波特酒 2 大匙
煮熟的野米 30 公克
紅、黃、青椒小丁 各 5 公克
百里香碎 1 株
鹽與胡椒 各 ½ 小匙
蝦夷蔥碎 1 小匙
鹽之花 1 公克
山蘿蔔葉 1 小株

作法

1 菲力上綁棉線（定形用）。

2 鵝肝切塊，撒上黑胡椒調味。

3 鍋中下伊比利火腿，加些許橄欖油下去煎，增添香氣。

4 放入菲力，和伊比利火腿一起煎。

5 菲力煎至上色後翻面，伊比利火腿起鍋，備用；再放入鵝肝一起煎。

6 鵝肝煎至兩面上色；菲力每面煎至上色（使菲力中心溫度為 58℃）；起鍋備用。

7 取一鍋放入牛肝菌及牛肝菌汁，加奶油。

8 再加入牛骨肉汁，牛肝菌汁與牛骨肉汁的比例為 1：1，拌成波特醬汁，備用。

9 另一只鍋內放入預先燙熟的小黃瓜、紅蘿蔔和孢子甘藍，加波特酒拌炒，起鍋備用。

10 同一鍋放入煮熟的野米，再加紅、黃、青椒小丁和百里香碎，以鹽和胡椒調味炒勻。

11 將上個步驟中炒好的野米擺盤，依序放上煎好的菲力、伊比利火腿與鵝肝。

12 作法 9 炒蔬菜、作法 8 牛肝菌擺盤，放上鵝肝，撒蝦夷蔥碎、鹽之花、山蘿蔔葉，淋波特醬汁。

羊腿捲餅
Lamb Leg Roll with Ink Sauce

材料

羊膝 350 公克
馬鈴薯泥 30 公克
紅酒醬汁 2 大匙
炒過的玉米澱粉 50 公克
巴西里碎 1 株
茵陳蒿碎 1 株
九層塔 1 大匙
核桃 1 大匙
松子 1 大匙
煎過的法式薄餅 1 張
馬鈴薯泥 20 公克
紅椒粉 ½ 小匙
燙熟的白、青花菜 30 公克
蕪菁 1 顆
紅椒丁 1 小匙
墨魚汁 1 大匙
紅肉地瓜泥 20 公克
蒔蘿 1 小束
山蘿蔔葉 1 葉
綠捲鬚生菜 1 葉
紅捲葉 1 葉

作法

1
在羊膝上劃一刀,用預熱到 160℃烤箱烤 40 分鐘。

2
烤好後,將刀尖貼著羊骨把肉切下,去骨取肉,切塊。

3
切塊的羊膝肉放入鋼盆,擠入 30 公克的馬鈴薯泥。

4
加入紅酒醬汁(紅酒醬汁請見本書 p.25),攪拌均勻,備用。

5
炒過的玉米澱粉和巴西里碎、茵陳蒿碎、九層塔碎混合。

6
再一同放入核桃、松子拌勻,備用。

7
煎過法式薄餅修邊呈四方形,在上面擠 20 公克馬鈴薯泥,撒紅椒粉。

8
放上作法 6 拌好的玉米澱粉。

9
接續上個步驟,再放上作法 4 的羊膝肉。

10
捲起並壓緊成薄餅捲。

11
燙熟的白、青花菜和蕪菁、紅椒丁排盤,薄餅捲切段,擺盤;淋上墨魚汁。

12
在蕪菁上擠紅肉地瓜泥,放上蒔蘿、山蘿蔔葉、綠捲鬚、紅捲葉。

Chapter 7

主菜·家禽類
Main Courses of Poultry

不同於牛肉、豬肉的扎實口感，雞、鴨、鵪鶉等食材更

顯出鮮嫩清爽的滋味，在西餐中也有不少以家禽類食材

烹調的經典料理。

雞肉派
Chicken Pie

材料

雞肉泥 80 公克
鮮奶油 200 毫升
菠菜 50 公克
烤馬鈴薯 30 公克
腰果 30 公克
洋蔥 15 公克
西芹 15 公克
紅蘿蔔 15 公克
蘑菇 80 公克
番茄 10 公克
蛋黃 4 顆
帕馬森起司 1 小匙
鹽 少許
伊比利火腿 100 公克
菠菜葉 5～7 葉
蘑菇橄欖油 1 大匙
松露油 1 小匙
熱水 300 毫升
烤鴻喜菇 40 公克
烤紅、黃、青椒片 各1片
綠捲鬚生菜 1 株

作法

1 鋼盆內加入雞肉泥、鮮奶油，拌勻。

2 加入切碎的菠菜、烤馬鈴薯、腰果、洋蔥、西芹、紅蘿蔔、蘑菇、番茄、蛋黃。

3 攪拌均勻。

4 加入現磨的帕馬森起司，再加鹽調味，拌勻，備用。

5 在碗底鋪滿伊比利火腿。

6 第二層鋪滿燙熟的菠菜葉，淋上蘑菇橄欖油。

7 倒入作法 4 拌好的雞肉泥，鋪滿。

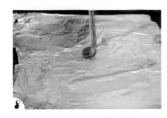

8 在鋁箔紙內層刷上松露油。

9 將鋁箔紙包覆住裝有雞肉泥的碗。

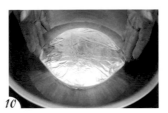

10 鋼盆內加熱水，放進包好的雞肉泥（熱水須至碗的⅔高度），以 120℃蒸烤 1 小時。

11 蒸烤好即為雞肉派，取出倒蓋，切半。

12 烤過的鴻喜菇和紅、黃、青椒片排盤，雞肉派盛盤，放上綠捲鬚。

白豆鴨腿
Roasted Duck Leg with Lentil

材料

鴨胸 160 公克
鹽 10 公克
百里香葉 1 株
黑胡椒粒 10 公克
鴨油 200 毫升
洋蔥絲 40 公克
奶油 15 公克
糖 1 大匙
奶油 15 公克
紅蘿蔔碎 30 公克
洋蔥碎 30 公克
西芹碎 30 公克
UHT 鮮奶油 45 毫升
迷迭香 1 枝
綠扁豆 40 公克
鷹嘴豆 50 公克
白酒醬汁 60 毫升

{迷迭香醬汁}
奶油 15 公克
紅蔥頭碎 10 公克
蒜末 5 公克
黑胡椒粒 1 小匙
月桂葉 1 片
百里香 1 株
迷迭香 1 株
巴沙米克醋 15 毫升
杜松子 5 ～ 7 粒

水田芥 1 小株
番茄丁 1 大匙
杏桃丁 1 小匙
柳橙皮碎 1 小匙
帕馬森起司 1 大匙

作法

1 鴨胸的皮修邊（修到皮和肉差不多大小）。

2 鋼盆內撒 5 公克鹽鋪底，放入 5 公克百里香葉（半株）、5 公克黑胡椒粒。

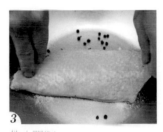
3 放入鴨胸。

4 鴨胸上依序撒剩餘的黑胡椒粒、鹽、百里香葉；用重物壓住，冷藏 10 小時。

 Tips
作法 11 中煮豆子的時候，可將豆子預先泡水，可以加快烹調的時間。

5 醃製好後取出鴨胸，洗去醃料，放入煉好的鴨油內。

6 接續上個步驟，鴨胸入預熱 65℃烤箱烤 6 小時（圖為烤好成品），鴨油可留用。

7

鍋內加入鴨油，炒洋蔥絲。

8

加奶油和糖。

9

以小火炒約45分鐘成焦化洋蔥，備用。

10

另一鍋加奶油，放入紅蘿蔔碎、洋蔥碎、西芹碎炒香後，下UHT鮮奶油。

11

加入迷迭香、綠扁豆、鷹嘴豆，拌炒。

12

倒入白酒醬汁（白酒醬汁作法請見本書p.27），煮約30分鐘至呈現濃稠狀。

13

取一鍋加奶油，放入紅蔥頭碎、蒜末、黑胡椒粒、月桂葉、百里香、迷迭香。

14

加入巴沙米克醋，關火，加入杜松子拌勻。

15

過濾成迷迭香醬汁，備用。

16

作法12的煮豆子盛盤，倒入迷迭香醬汁。

17

放上切片的烤鴨胸、焦化洋蔥、水田芥，周圍撒番茄丁和杏桃丁。

18

在上面磨些許柳橙皮碎和帕馬森起司。

菠菜松子釀雞胸
Chicken Breast Stuffed
with Mozzarella Cheese

菠菜松子釀雞胸
Chicken Breast Stuffed with Mozzarella Cheese

材料

雞胸 200 公克
鹽與胡椒 各 1 小匙
迷迭香碎 1 株
九層塔碎 2 葉
玫瑰純露 5 毫升
烤松子 10 公克
莫札瑞拉起司 40 公克
豬網油 1 張
奶油 15 公克
橄欖油 15 毫升

{香料醬汁}
橄欖油 少許
紅蔥頭碎 5 公克
乾燥義大利香料 3 公克
波特酒 20 毫升
雞骨肉汁 30 毫升
奶油 15 公克
胡椒 少許

水煮馬鈴薯 250 公克
鹽 2 小匙
娃娃菜 2 葉
伊比利火腿 1 片
烤松子 1 小匙
莫札瑞拉起司 2 顆
蝦夷蔥碎 1 小匙
黑松露油 1 大匙
綠捲鬚生菜 1 株
茵陳蒿 1 株
煮熟的珊瑚菇 20 公克
帕馬森起司 1 小匙

作法

1 雞胸肉上鋪塑膠袋,用肉槌打扁成約 0.2 公分的薄片。

2 撒鹽和胡椒調味。

3 迷迭香碎、九層塔碎、玫瑰純露混合,放在雞肉片上。

4 再鋪上 10 公克的烤松子和 5 顆莫札瑞拉起司。

5 捲起成雞肉卷。

6 豬網油修邊,以廚房紙巾吸乾水分。

在豬網油上擺放雞肉卷，開始捲起。

兩側收邊，捲好備用。

取一鍋放奶油、橄欖油，放入雞肉卷。

以中火煎至每面上色（不以大火煎是為了避免肉卷裡的食材散掉）。

雞肉卷入預熱到200℃烤箱，烤12分鐘（圖為烤好成品）。

另一鍋放入橄欖油，加入紅蔥頭碎、乾燥義大利香料，炒香。

倒入波特酒。

加雞骨肉汁、奶油、胡椒（雞骨肉汁作法請見本書 p.21），煮滾。

過濾成香料醬汁，備用。

切半水煮馬鈴薯以鹽調味，放上娃娃菜、切條的伊比利火腿、烤松子、莫札瑞拉起司、蝦夷蔥碎。

淋黑松露油，入預熱到200℃烤箱烤4分鐘。

珊瑚菇和烤好的馬鈴薯盛盤，香料醬汁淋盤，放上切段雞肉卷與綠捲鬚、茵陳蒿，磨帕馬森起司。

香烤鴨胸匯煎鴨肝
Roasted Duck Breast with Duck Liver

材料

鴨胸 180 公克
鹽與胡椒 1 小匙
白蘭地 10 毫升
鴨肝 40 公克
蘑菇片 30 公克
蒜末 10 公克
燻汁 5 毫升
奶油 15 公克
雞骨肉汁 50 毫升
四色豆 20 公克
鹽與胡椒 各 ½ 小匙
綠蘆筍 3 枝
紅蘿蔔 1 塊
小黃瓜 1 塊
安娜洋芋 1 份
藍莓果醬 1 大匙
牛番茄 半顆
九層塔 4 葉

作法

1 鴨胸修邊（修到皮和肉的大小相近），在皮上劃刀，撒鹽和胡椒調味。

2 熱鍋後，鴨胸皮面朝下入鍋乾煎。

3 煎至上色後翻面，加入白蘭地，煎熟後起鍋，備用。

4 在同一鍋內放入切片的鴨肝，煎至兩面上色，起鍋以廚房紙巾吸油，備用。

5 接續上個步驟，用鍋內剩餘的油炒香蘑菇片、蒜末，倒入燻汁。

6 加奶油，炒至蘑菇片微酥脆，備用。

7 取另一鍋加入雞骨肉汁、四色豆、鹽和胡椒（雞骨肉汁作法請見本書 p.21），備用。

8 燙過的蘆筍、紅蘿蔔、小黃瓜、安娜洋芋排盤。

9 藍莓果醬淋盤（藍莓果醬的作法請見本書 p.54 作法 9～11）。

10 作法 7 的四色豆盛盤。

11 去皮牛番茄切片，作法 3 的煎鴨胸切片，與九層塔交錯排放，擺盤。

12 放上作法 4 煎鴨肝和作法 6 的炒蘑菇。

醬燒鵪鶉
Roasted Quail with Angel hair

材料

綜合菇 200 公克
鹽與胡椒 各 1 小匙
橄欖油 2 大匙
鵪鶉 200 公克
蒜末 10 公克
楓糖漿 15 毫升
紅、黃、青椒 各 10 公克
蒔蘿碎 1 小匙
君度橙酒 1 大匙
奶油 15 公克
莫札瑞拉起司 3 顆
百里香 2 枝
綠、黃櫛瓜片 各 3 片
茄片 3 片
鹽與胡椒 各 1 小匙
俄力岡葉 9 片
橄欖油 1 大匙
炒過的培根碎 1 大匙
松露醬 1 大匙
煮過的天使麵 80 公克
紅肉地瓜泥 10 公克
煮熟的蘆筍 3 枝
酸奶油 1 大匙
蛋白碎 3 公克
巴西里碎 1 小匙

 Tips

因為醃製鵪鶉時有加楓糖，直接
烤容易燒焦，所以鵪鶉需要先煎
後烤。處理鵪鶉的作法請見本書
p.201。

作法

1 綜合菇入烤盤，撒鹽和胡椒，
淋上橄欖油，入預熱至 200℃
烤箱，烤 8 分鐘（圖為烤好
成品）。

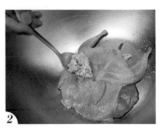

2 處理好的鵪鶉入鋼盆，加入
蒜末。

3 倒入作法1烤綜合菇的菇油。

4 加入楓糖漿和切成菱形片的
紅、黃、青椒，拌勻。

5 撒上蒔蘿碎。

6 熱鍋，放入醃製好的鵪鶉（帶
皮面朝下），倒入君度橙酒，
煎至上色。

7

翻面，續煎至上色，起鍋。

8

鵪鶉上放奶油、莫札瑞拉起司、百里香，入預熱至220℃烤箱，烤12分鐘。

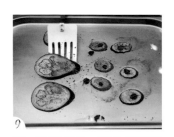

9

綠、黃櫛瓜片、茄片撒鹽和胡椒、俄力岡葉，淋橄欖油，入預熱至200℃烤箱烤8分鐘（圖為烤好成品）。

10

取一鍋，加入作法1烤菇的菇油、炒過的培根碎，加松露醬。

11

下煮過的天使麵拌炒，起鍋，備用。

12

同一只鍋中放入醃製鵪鶉的紅、黃、青椒片，炒熟後起鍋，備用。

13

紅肉地瓜泥用擠花袋擠在盤上，插上煮熟的蘆筍。

14

作法11炒天使麵捲好入盤。

15

烤茄片上鋪酸奶油，插上炒紅、黃、青椒片與烤珊瑚菇，和烤綠、黃櫛瓜片擺盤。

16

烤好的鵪鶉切對半（挑掉百里香）。

17

接續上個步驟，烤鵪鶉擺盤，再放上烤菇。

18

放上蛋白碎與巴西里碎。

郷村式小雞干貝卷
Roasted Chicken with Scallop Rolled

鄉村式小雞干貝卷
Roasted Chicken with Scallop Rolled

---------------- 材料 ----------------

雞翅 2 隻
酥皮 1 片
干貝 1 個
雞肉慕斯 20 公克
帕瑪火腿 3 片
燙過的蒜苗 1 段
橄欖油 1 小匙
洋梨 半顆
紅酒 60 毫升
不融糖粉 20 公克
馬鈴薯泥 30 公克
松露莎莎醬 1 小匙
食用花 1 朵
白酒醬汁 1 大匙
蝦夷蔥碎 1 小匙

---------------- 作法 ----------------

1 雞翅取前端第三節。

2 以刀沿著雞骨把肉切開。

3 剪去末端的軟骨。

4 把肉切下，使雞肉聚集在骨頭前端。

5 酥皮切條，放在雞腿上。

6 入預熱至 200℃烤箱，烤 6 分鐘（圖為烤好的成品）。

196

7
干貝圍一圈雞肉慕斯，再以帕瑪火腿包圍圈住。

8
用燙過的蒜苗綁住定形。

9
干貝卷入鍋，淋上橄欖油，煎至半熟。

10
入烤箱，以預熱至 200℃烤 6 分鐘（圖為烤好的成品）。

11
洋梨泡紅酒，醃 1 小時（圖為醃好的成品）。

12
撒上不融糖粉。

13
洋梨以預熱至 200℃烤箱烤約 4～5 分鐘，烤至上色（圖為烤好的成品）。

14
馬鈴薯泥以湯匙整圓，擺盤；放上松露莎莎醬和食用花（松露莎莎醬作法請見本書 p.115Tips）。

15
烤好的洋梨擺盤。

16
放上作法 6 烤好的酥皮雞腿和作法 10 的干貝卷。

17
淋上白酒醬汁（白酒醬汁的作法請見本書 p.27）。

18
撒蝦夷蔥碎。

食材處理
Cutting Ingredients

開始製作料理前，必須先處理好食材，附錄中特別收錄

平時較少見的比目魚、鵪鶉的處理方式，和橄欖形蔬菜

的切法，讓你輕鬆搞定食材。

比目魚的處理
Dover Sole Cutting

作法

從比目魚中間劃刀。

尾部也劃一刀。

在中間劃刀處,以刀尖貼著魚骨往旁邊劃開。

慢慢劃開,使魚肉和魚骨分離。

先取下半邊的完整魚肉。

另一邊以同樣方式劃開魚肉。

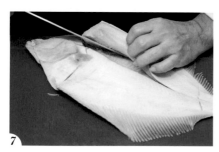

翻面,先從中間劃刀,同樣以刀尖貼著魚骨往旁邊劃開。

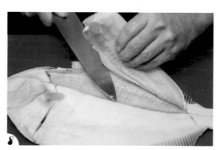

取肉,剩下的魚肉以同樣方法去骨。

取好的魚肉去皮(刀尖緊貼魚肉和魚皮之間,拉住魚皮刀往前切使魚肉分離)。

鵪鶉的處理
Quail Cutting

作法

1 鵪鶉剖開。

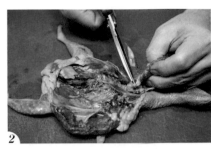

2 以剪刀剪開鵪鶉中間的胸骨和肉的連結處。

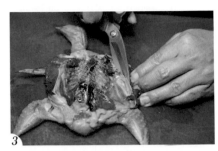

3 剪開兩旁胸骨和肉的連接處。

4 將胸骨拉起。

5 剪掉被拉開的胸骨。

6 去除鵪鶉脖子的骨頭。

7 將剩餘的骨頭去除乾淨。

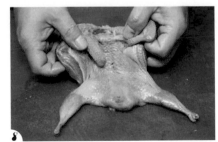

8 剪去鵪鶉的翅膀和腿骨末節，即可準備料理。

橄欖形蔬菜的切法
Vegetables Cutting

作法

蔬菜分切為 ¼ 塊大小，以彎刀從底部往上削。

將蔬菜塊切面削成圓弧形。

換另一切面，同樣從底部開始往上削。

將蔬菜的每一切面削成圓弧形。

重複此動作直至每一切面皆呈圓弧形。

修整形狀即完成。

廚藝學校：
跟著大廚做法國菜
梅蘭妮・馬汀（Mélanie Martin）著
茱莉・梅查麗（Julie Méchali）攝影／林雅芬 譯
定價 750 元

到餐廳吃法國菜不稀奇，在家做法國菜才叫人刮目相看。
70 招大廚私藏關鍵技巧，50 道經典與創新食譜，
循序漸進、按圖索驥，
做出龍蝦濃湯、粉煎比目魚、烤羊排、櫻桃鴨胸、三味
醬生蠔、鴨肝醬、乳酪舒芙蕾……
幫助你升級，成為真正的大廚！

廚房聖經：
每個廚師都該知道的知識
亞瑟・勒・凱斯納（Arthur Le Caisne）著／林雅芬 譯
定價 450 元

70 道經典料理食譜，300 多張詳細圖解，
從進廚房前食材、工具、鍋具的準備，到在廚房裡的各
種料理知識，
所有你必須知道關於烹飪的關鍵細節，
本書全部告訴你，
做出大師級美味，原來一點都不難！

法國甜點聖經平裝本 1：
巴黎金牌糕點主廚的麵團、麵包與奶油課
克里斯道夫・菲爾德（Christophe Felder）著／郭曉賽 譯
定價 480 元

從塔皮、奶酥麵團、泡芙麵團到千層酥皮，
從奶油可頌、丹麥麵包、咕咕霍夫到油炸布里歐，
從法式蛋白霜、焦糖布丁、奶凍到蛋糕布丁，
由淺入深，循序漸進，輕鬆學習，簡單上手，
滿足你多變、挑剔的味蕾！

法國甜點聖經平裝本 2：
巴黎金牌糕點主廚的蛋糕、點心與裝飾課
克里斯道夫・菲爾德（Christophe Felder）著／郭曉賽 譯
定價 480 元

從水果蛋糕、歐培拉、閃電泡芙到提拉米蘇，
從鏡面醬、棉花糖、費南雪到可麗露，
從糖片、糖絲、焦糖花、塑型翻糖到糖粉展台，
具體的作法，精確的示範，詳盡的步驟圖，
所有法國人愛吃的甜點盡在其中！

甜點女王：
50 道不失敗的甜點秘笈
賴曉梅 著／楊志雄 攝影
定價 580 元

馬卡龍如何呈現完美光澤，且酥脆不溼軟；
餅乾中加入蛋白與加入蛋黃其口感有何不同……
全書 60 種製作甜點常用食材，
21 樣一定要認識的基本工具，
嚴選甜點 9 大類 50 道美味甜點，
超過 700 張步驟圖解，讓你甜點製作零失敗。

甜點女王 2 法式甜點：
甜點女王的零失敗烘焙祕笈，教你做 54 款超人氣法式點心
賴曉梅、鄭羽真 著／楊志雄 攝影
定價 450 元

如何做出風靡世界的閃電泡芙？
製作道地手工巧克力的關鍵在於溫度？
全書 7 大經典類型、54 款超人氣法式點心，
從馬卡龍、手工巧克力、達克瓦茲，
到手工軟糖、杯子蛋糕、閃電泡芙……
近 1000 張圖解步驟，搭配詳細作法，
讓你輕鬆做出媲美職人的美味甜點！

甜點女王的百變杯子蛋糕：
用百摺杯做出經典風味蛋糕
賴曉梅 著／楊志雄 攝影
定價 200 元
甜點女王告訴你，
如何使用矽膠百摺杯烘烤出健康美味的杯子蛋糕！
詳細的食材分量與作法說明，
隨著女王的完美手藝，教你零失敗的烘焙祕訣！

甜點女王的百變咕咕霍夫：
用點心模做出鬆軟綿密的蛋糕與慕斯
賴曉梅 著／楊志雄 攝影
定價 200 元
甜點女王告訴你，
如何隨著本書，
製作出口感鬆軟綿密的咕咕霍夫蛋糕與慕斯！
詳細的食材分量與作法說明，
隨著女王的完美手藝，
在家自己做，健康零負擔！